黑龙江省煤矿特种作业人员安全技术培训教材

煤 矿 防 突 工

主编 张振龙 郝万年

煤 炭 工 业 出 版 社

·北 京·

内 容 提 要

全书共分为十二章，主要介绍了煤矿安全生产方针和法律法规；煤矿生产技术与主要灾害事故防治；煤矿防突工职业特殊性；煤矿职业病防治和自救、互救及创伤急救；煤与瓦斯突出基本知识；突出危险性预测；煤与瓦斯突出防治措施；防突措施效果检验；突出预测仪器、设备的应用等方面的内容。

本书主要作为煤矿特种作业人员安全技术培训教材使用，也可供其他煤矿工人、基层管理干部和煤炭院校师生学习参考。

《黑龙江省煤矿特种作业人员安全技术培训教材》

编 委 会

主 任 王 权

副主任 李瑞林　鲁 峰　张维正　赵冬柏　于志伟

侯一凡　孙成坤　郝传波　杜 平　王佳喜

庄绪春

委 员 （以姓氏笔画为序）

王文山　王忠新　王宪恒　尹森山　甲继承

刘文龙　孙宝林　齐国强　曲春刚　李洪臣

李雪松　陈 辉　张凤东　张振龙　张鹤松

郝万年　姚启贵　姜学义　姜洪君　唐学军

徐明先　高德民　郭喜伏　黄学成　韩 波

韩忠良　蔡 涛　樊万岗　魏艳华

前　言

做好煤矿安全生产工作，维护矿工生命财产安全是贯彻习近平总书记提出的红线意识和底线意识的必然要求，是立党为公、执政为民的重要体现，是各级政府履行社会管理和公共服务职能的重要内容。党中央国务院历来对煤矿安全生产工作十分重视，相继颁布了《安全生产法》《矿山安全法》《煤炭法》等有关煤矿安全生产的法律法规。

煤矿生产的特殊环境决定了煤矿安全生产工作必然面临巨大的压力和挑战。而我省煤矿地质条件复杂，从业人员文化素质不高，导致我省煤矿安全生产形势不容乐观。因此，我们必须牢记"安全第一，预防为主，综合治理"的安全生产方针，坚持"管理、装备、培训"三并重的原则，认真贯彻"煤矿矿长保护矿工生命安全七条规定"和"煤矿安全生产七大攻坚举措"，不断强化各类企业、各层面人员的安全生产意识，提高安全预防能力和水平。

众所周知，煤矿从业人员的基本素质是影响煤矿安全生产诸多因素中非常重要的因素之一。因此，加强煤矿从业人员安全教育和安全生产技能培训，提高现场安全管理和防范事故能力尤为重要。为此，我们组织全省煤炭院校部分教授、煤矿安全生产技术专家和部分煤矿管理者，从我省煤矿生产的特点及煤矿特种作业人员队伍现状的角度，结合我省煤矿安全生产实际，编写了《黑龙江省煤矿特种作业人员安全技术培训教材》。该套教材严格按照煤矿特种作业安全技术培训大纲和安全技术考核标准编写，具有较强的针对性、实效性和可操作性。该套教材的合理使用必将对提高我省煤矿安全培训考核质量，提升煤矿特种作业人员的安全生产技能和专业素质起到积极的作用。

"十三五"期间，国家把牢固树立安全发展观念，完善和落实安全生产责任摆上重要位置。我们要科学把握煤矿安全生产工作规律和特点，充分认清面临的新形势、新任务、新要求，把思想和行动统一到党的十八大精神上来，牢固树立培训不到位是重大安全隐患的理念，强化煤矿企业安全生产主体责任、政府和职能部门的监管责任，加强煤矿安全管理和监督，加强煤矿从业人员的安全培训，为我省煤矿安全生产工作打下坚实基础，为建设平安龙江、和谐龙江做出贡献。

《黑龙江省煤矿特种作业人员安全技术培训教材》
编 委 会
2016 年 5 月

《煤矿防突工》培训学时安排

项 目		培 训 内 容	学时
安全知识 （58 学时）	安全基础 知识 （22 学时）	煤矿安全生产法律法规和煤矿安全管理制度	4
		煤矿生产技术与主要灾害事故防治	8
		煤矿防突工的职业特殊性	6
		煤矿职业病防治和自救、互救及创伤急救	4
	安全技术 知识 （36 学时）	煤与瓦斯突出基本知识	6
		区域突出危险性预测	4
		局部突出危险性预测	6
		煤与瓦斯突出防治措施	8
		防突措施效果检验	4
		安全防护与管理措施	4
		复习	2
		考试	2
实际操作技能 （32 学时）		实验参观	2
		突出预测仪器、设备应用	22
		自救器的使用与创伤急救训练	4
		复习	2
		考试	2
合　　计			90

目　　次

第一章　煤矿安全生产方针和法律法规

> **知识要点**
> ☆ 煤矿安全生产方针
> ☆ 煤矿安全生产相关法律法规
> ☆ 安全生产违法行为的法律责任

第一节　煤矿安全生产方针

一、安全生产方针的内容

"安全第一、预防为主、综合治理"是我国安全生产的基本方针，是党和国家为确保安全生产而确定的指导思想和行动准则。根据这一方针，国家制定了一系列安全生产的政策、法律、法规和规程。煤矿从业人员要认真学习、深刻领会安全生产方针的含义，并在本职工作中自觉遵守和执行，牢固树立安全生产意识。

"安全第一"要求煤矿从业人员在工作中要始终把安全放在首位。只有生命安全得到保障，才能调动和激发人们的生活激情和创造力，不能以损害从业人员的生命安全和身心健康为代价换取经济的发展。当安全与生产、安全与效益、安全与进度发生冲突时，必须首先保证安全，做到不安全不生产、隐患不排除不生产、安全措施不落实不生产。

"预防为主"要求煤矿从业人员在工作中要时刻注意预防安全生产事故的发生。在生产各环节要严格遵守安全生产管理制度和安全技术操作规程，认真履行岗位安全职责，采取有效的事前预防和控制措施，强化源头管理，及时排查治理安全生产隐患，积极主动地预防事故的发生，把事故隐患消灭在萌芽之中。

"综合治理"就是综合运用经济、法律、行政等手段，人管、法治、技防多管齐下，搞好全员、全方位、全过程的安全管理，把全行业、全系统、全企业的安全管理看成一个联动的统一体，并充分发挥社会、从业人员、舆论的监督作用，实现安全生产的齐抓共管。

二、落实安全生产方针的措施

1. 坚持"管理、装备、培训"三并重原则

安全生产管理坚持"管理、装备、培训"并重，是我国煤矿安全生产长期生产实践经验的总结，也是我国煤矿落实安全生产方针的基本原则。"管理"是消除人的不良行为

的重要手段，先进有效的管理是煤矿安全生产的重要保证；"装备"是人们向自然作斗争的工具和武器，先进的技术装备不仅可以提高生产效率，解放劳动力，同时还可以创造良好的安全生产环境，避免事故的发生；"培训"是提高从业人员综合素质的重要手段，只有强化培训，提高从业人员素质，才能用好高技术的装备，才能进行高水平的管理，才能确保安全生产的顺利进行。所以，管理、装备、培训是安全生产的三大支柱。

2. 制定完善煤矿安全生产的政策措施

（1）加快法制建设步伐，依法治理安全。

（2）坚持科学兴安战略，加快科技创新。

（3）严格安全生产准入制度。

（4）加大安全生产投入力度。

（5）建立健全安全生产责任制。

（6）建立安全生产管理机构，配齐安全生产管理人员。

（7）建立健全安全生产监管体系。

（8）强化安全生产执法和安全生产检查。

（9）加强安全技术教育培训工作。

（10）强化事故预防，做好事故应急救援工作。

（11）做好事故调查处理，严格安全生产责任追究。

（12）切实保护从业人员合法权益。

3. 落实安全生产"四个主体"责任

落实安全生产方针必须强化责任落实。安全生产是一个责任体系，涉及企业主体责任、政府监管责任、属地管理责任和岗位直接责任"四个主体"责任。企业是安全生产工作的责任主体，企业主要负责人是本单位安全生产工作的第一责任人，对安全生产工作负全面责任。企业应严格执行国家法律法规和行业标准，建立健全安全生产管理制度，加大安全生产投入，强化从业人员教育培训，应用先进设备工艺，及时排查治理安全生产隐患，提高安全管理水平，把安全生产主体责任落实到位；政府监管责任就是政府安全监管部门应依法行使综合监管职权，煤矿监察监管部门应加大监察监管检查力度，加强对重点环节和重要部位的专项整治，依法查处各种非法违法行为；属地管理责任就是各级政府对安全生产工作负有重要责任，对安全生产工作的重大问题、重大隐患，要督促抓好整改落实；岗位直接责任就是对关系安全生产的重点部位、关键岗位，要配强配齐人员，全方位、全过程、全员化执行标准、落实责任，把安全生产责任落到每一位领导、每一个车间、每一个班组、每一个岗位，实现全覆盖。

4. 推进煤矿向"规模化、机械化、标准化和信息化"方向发展

当前，我国煤炭行业在资源配置、产业结构、技术水平、安全生产、环境保护等方面还存在不少突出矛盾，一些生产力水平落后的小煤矿仍然存在，结构不合理仍然是制约我国煤炭行业发展的症结所在。因此，围绕大型现代化煤矿建设，加快推进煤炭行业结构调整，淘汰落后产能，努力推动产业结构的优化升级，建设"规模化、机械化、标准化和信息化"的矿井，这是落实党的安全生产方针的重要举措，也是综合治理的具体表现。规模化不仅可以提高生产能力，提高煤炭资源回收率，降低生产成本，还能提高煤矿的抗风险能力。机械化就是要在采、掘、运一体化上下功夫，实现连续化生产，提高生产效率

和从业人员整体素质，打造专业化从业队伍。标准化就是要求各煤矿都要按照安全标准化建设施工，从完备煤矿生产条件、改善劳动环境上入手，提高安全保障能力和本质安全水平。信息化是指对矿井地理、生产、安全、设备、管理和市场等方面的信息进行采集、传输处理、应用和集成等，从而完成自动化目标。

第二节　煤矿安全生产相关法律法规

一、法律基本知识

法律是由国家制定或认可的，由国家强制力保障实施的，反映统治阶级意志的行为规范的总和。

违法是行为人违反法律规定，从而给社会造成危害，有过错的行为。犯罪是指危害社会、触犯刑律，应该受到刑事处罚的行为。

我国的法律体系以宪法为统帅和根本依据，由法律、行政法规、地方性法规、规章等组成。

1. 宪法

宪法是国家的根本大法，具有最高的法律效力；宪法是母法，其他法是子法，必须以宪法为依据制定；宪法规定的内容是国家的根本任务和根本制度，包括社会制度、国家制度的原则和国家政权的组织以及公民的基本权利义务等内容。

2. 法律

全国人民代表大会和全国人民代表大会常务委员会都具有立法权。法律有广义、狭义两种理解。广义上讲，法律是法律规范的总称。狭义上讲，法律仅指全国人民代表大会及其常务委员会制定的规范性文件。在与法规等一起谈时，法律是指狭义上的法律。

3. 行政法规

行政法规是国务院为领导和管理国家各项行政工作，根据宪法和法律制定的有关政治、经济、教育、科技、文化、外事等内容的条例、规定和办法的总和。

4. 地方性法规

地方性法规是地方国家权力机关依法制定的在本行政区域内具有法律效力的规范性文件。省、自治区、直辖市以及省级人民政府所在地的市和经国务院批准的较大市的人民代表大会及其常务委员会有权制定地方性法规。

5. 规章

规章是行政性法律规范文件。规章有两种：一是国务院各部、委员会、中国人民银行、审计署和具有行政管理职能的直属机构，在本部门的权限内制定的规章，称为部门规章；二是省、自治区、直辖市和较大市的人民政府制定的规章，称为地方政府规章。

二、煤矿安全生产相关法律

1. 《中华人民共和国刑法》

《中华人民共和国刑法》是安全生产违法犯罪行为追究刑事责任的依据。

安全生产的责任追究包括刑事责任、行政责任和民事责任。这些处罚由国家行政机关或司法机关作出，处罚的对象可以是生产经营单位，也可以是承担责任的个人。

对企业从业人员安全生产违法行为刑事责任的追究：在生产、作业中违反有关安全管理规定，因而发生重大伤亡事故或者造成其他严重后果的，处三年以下有期徒刑或者拘役；情节特别恶劣的，处三年以上七年以下有期徒刑。强令他人违章冒险作业，因而发生重大伤亡或者造成其他严重后果的，处五年以下有期徒刑或者拘役；情节特别恶劣的，处五年以上有期徒刑。

2.《中华人民共和国劳动法》

《中华人民共和国劳动法》为了保护劳动者的合法权益，调整劳动关系，建立和维护适应社会主义市场经济的劳动制度，促进经济发展和社会进步，根据宪法，制定本法。

3.《中华人民共和国劳动合同法》

劳动合同是制约企业与劳动者之间权利、义务关系的最重要的法律依据，安全生产和职业健康是其中十分重要的内容。劳动合同有集体劳动合同和个人劳动合同两种形式，是在平等、自愿的基础上制定的合法文件，任何企业同劳动者订立的免除安全生产责任的劳动合同都是无效的、违法的。《中华人民共和国劳动合同法》是为了完善劳动合同制度，明确劳动双方当事人的权利和义务，保护劳动者的合法权益，构建发展和谐稳定的劳动关系。

依法订立的劳动合同具有约束力，用人单位与劳动者应当履行劳动合同约定的义务。

4.《中华人民共和国矿山安全法》

《中华人民共和国矿山安全法》中与煤矿从业人员相关的内容如下：

（1）矿山企业从业人员有权对危害安全的行为提出批评、检举和控告。

（2）矿山企业必须对从业人员进行安全教育、培训，未经安全教育、培训的，不得上岗作业。

（3）矿山企业安全生产特种作业人员必须接受专门培训，经考核合格取得操作资格证书的，方可上岗作业。

（4）矿山企业必须对冒顶、瓦斯爆炸、煤尘爆炸、冲击地压、瓦斯突出、火灾、水害等危害安全的事故隐患采取预防措施。

（5）矿山企业主管人员违章指挥、强令从业人员冒险作业，因而发生重大伤亡事故的，依照《中华人民共和国刑法》有关规定追究刑事责任。

（6）矿山企业主管人员对矿山事故隐患不采取措施，因而发生重大伤亡事故的，依照《中华人民共和国刑法》有关规定追究刑事责任。

5.《中华人民共和国安全生产法》

《中华人民共和国安全生产法》的基本内容如下：

（1）生产经营单位安全生产保障的法律制度。

（2）生产经营单位必须保证安全生产资金的投入。

（3）安全生产组织机构和人员管理。

（4）安全生产管理制度。

6.《中华人民共和国煤炭法》

《中华人民共和国煤炭法》与煤矿从业人员相关的规定如下：

（1）明确了要坚持"安全第一、预防为主、综合治理"的安全生产方针。

（2）严格实行煤炭生产许可证制度和安全生产责任制度及上岗作业培训制度。

（3）维护煤矿企业合法权益，禁止违法开采、违章指挥、滥用职权、玩忽职守、冒险作业，以及依法追究煤矿企业管理人员的违法责任等。

三、煤矿安全生产相关法规

1.《煤矿安全监察条例》（国务院令 第296号）

自2000年12月1日起施行。共5章50条，包括总则、煤矿安全监察机构及其职责、煤矿安全监察内容、罚则、附则。其目的是为了保障煤矿安全，规范煤矿安全监察工作，保护煤矿从业人员人身安全和身体健康。

2.《工伤保险条例》（国务院令 第375号）

《工伤保险条例》共67条，制定本条例是为了保障因工作遭受事故伤害或者患职业病的从业人员获得医疗救治和经济补偿，促进工伤预防和职业康复，分散用人单位的工伤风险。

本条例根据2010年12月20日《国务院关于修改〈工伤保险条例〉的决定》修订。施行前已受到事故伤害或者患职业病的从业人员尚未完成工伤认定的，按照本条例的规定执行。

3.《国务院关于预防煤矿生产安全事故的特别规定》（国务院令 第446号）

国务院令第446号明确规定了煤矿15项重大隐患；任何单位和个人发现煤矿有重大安全隐患的，都有权向县级以上地方人民政府负责煤矿安全生产监督管理部门或者煤矿安全监察机构举报。受理的举报经调查属实的，受理举报的部门或者机构应当给予最先举报人1000元至10000元的奖励；煤矿企业应当免费为每位从业人员发放《煤矿职工安全手册》。

四、煤矿安全生产部门重要规章

1.《煤矿安全规程》（安监总局令 第87号）

《煤矿安全规程》包括总则、井工部分、露天部分、职业危害和附则5个部分，共有721条。它是煤矿安全体系中一部重要的安全技术规章，是煤炭工业贯彻落实党和国家安全生产方针和国家有关矿山安全法规的具体规定，是保障煤矿从业人员安全与健康，保护国家资源和财产不受损失，促进煤炭工业现代化建设必须遵循的准则。

2.《煤矿作业场所职业危害防治规定》（安监总局令 第73号）

为加强煤矿作业场所职业病危害的防治工作，保护煤矿从业人员的健康，制定本规定。适用于中华人民共和国领域内各类煤矿及其所属地面存在职业病危害的作业场所职业病危害预防和治理活动。

煤矿应当对从业人员进行上岗前、在岗期间的定期职业病危害防治知识培训，上岗前培训时间不少于4学时，在岗期间的定期培训时间每年不少于2学时。对接触职业危害的从业人员，煤矿企业应按照国家有关规定组织上岗前、在岗期间和离岗时的职业健康检查，并将检查结果书面告知从业人员。职业健康检查费用由煤矿承担。

3.《用人单位劳动防护用品管理规范》（安监总厅安健 〔2015〕124号）

为规范用人单位劳动防护用品的使用和管理，保障劳动者安全健康及相关权益，根据

《中华人民共和国安全生产法》、《中华人民共和国职业病防治法》等法律、行政法规和规章，制定本规范。本规范适用于中华人民共和国境内企业、事业单位和个体经济组织等用人单位的劳动防护用品管理工作。

4. 《防治煤与瓦斯突出规定》（安监总局令　第19号）

该规定要求：防突工作坚持区域防突措施先行、局部防突措施补充的原则；突出矿井采掘工作做到不掘突出头、不采突出面；未按要求采取区域综合防突措施的，严禁进行采掘活动。

5. 《煤矿防治水规定》（安监总局令　第28号）

该规定要求：防治水工作应当坚持预测预报、有疑必探、先探后掘、先治后采的原则，采取防、堵、疏、排、截的综合治理措施。水文地质条件复杂和极复杂的矿井，在地面无法查明矿井水文地质条件和充水因素时，必须坚持有掘必探。

规定有以下几个特点：一是对防范重特大水害事故规定更加严格；二是对防治老空水害规定更加严密；三是对强化防治水基础工作作出规定；四是减少了有关防治水的行政审批。

6. 《特种作业人员安全技术培训考核管理规定》（安监总局令　第30号）

《特种作业人员安全技术培训考核管理规定》本着成熟一个确定一个的原则，在相关法律法规的基础上，对有关特种作业类别、工种进行了重大补充和调整，主要明确工矿生产经营单位特种作业类别、工种，规范安全监管监察部门职责范围内的特种作业人员培训、考核及发证工作。调整后的特种作业范围共11个作业类别、51个工种。

7. 《煤矿领导带班下井及安全监督检查规定》（安监总局令　第33号）

将领导下井带班制度纳入国家安全生产重要法规规章，具有强制性。对领导下井带班的职责和监督事项，对安全监督检查的对象范围、目标任务、责任划分及考核奖惩，对领导下井带班的考核制度、备案制度、交接班制度、档案管理制度以及主要内容，对监督检查的重点内容、方式方法、时间频次等均作了明确的要求。同时，还明确了制度不落实时的经济和行政处罚，并依法进行责任追究。煤矿没有领导带班下井的，煤矿从业人员有权拒绝下井作业。煤矿不得因此降低从业人员工资、福利等待遇或者解除与其订立的劳动合同。

8. 《安全生产培训管理办法》（安监总局令　第44号）

《安全生产培训管理办法》自2012年3月1日起施行。原国家安全生产监督管理局（国家煤矿安全监察局）2005年12月28日公布的《安全生产培训管理办法》同时废止。办法规定生产经营单位从业人员是指生产经营单位主要负责人、安全生产管理人员、特种作业人员及其他从业人员。特种作业人员的考核发证按照《特种作业人员安全技术培训考核管理规定》执行。

9. 《煤矿安全培训规定》（安监总局令　第52号）

《煤矿安全培训规定》要求煤矿从业人员调整工作岗位或者离开本岗位1年以上（含1年）重新上岗前，应当重新接受安全培训；经培训合格后，方可上岗作业。

10. 《国务院安委会关于进一步加强安全培训工作的决定》（安委〔2012〕10号）

对各类生产安全责任事故，一律倒查培训、考试、发证不到位的责任。严格落实"三项岗位"人员持证上岗制度。各类特种作业人员要具有初中及以上文化程度。制定特种作业人员实训大纲和考试标准；建立安全监管监察人员实训制度；推动科研和装备制造企业在安全培训场所展示新装备新技术；提高 3D、4D、虚拟现实等技术在安全培训中的应用，组织开发特种作业各工种仿真实训系统。

11.《煤矿矿长保护矿工生命安全七条规定》（安监总局令　第 58 号）

（1）必须证照齐全，严禁无证照或者证照失效非法生产。

（2）必须在批准区域正规开采，严禁超层越界或者巷道式采煤、空顶作业。

（3）必须确保通风系统可靠，严禁无风、微风、循环风冒险作业。

（4）必须做到瓦斯抽采达标，防突措施到位，监控系统有效，瓦斯超限立即撤人，严禁违规作业。

（5）必须落实井下探放水规定，严禁开采防隔水煤柱。

（6）必须保证井下机电和所有提升设备完好，严禁非阻燃、非防爆设备违规入井。

（7）必须坚持矿领导下井带班，确保员工培训合格、持证上岗，严禁违章指挥。

第三节　安全生产违法行为的法律责任

安全生产违法行为是指安全生产法律关系主体违反安全生产法律法规规定、依法应予以追究责任的行为。它是危害社会和公民人身安全的行为，是导致生产安全事故多发和人员伤亡最为重要的原因。

在安全生产工作中，政府及有关部门、生产单位及其主要负责人、中介机构、生产经营单位从业人员 4 种主体可能因为实施了安全生产违法行为而必须承担相应的法律责任。安全生产违法行为的法律责任有行政责任、民事责任和刑事责任 3 种。

一、行政责任

主要是指违反行政管理法规，包括行政处分和行政处罚两种。

1. 行政处分

行政处分的种类有警告、记过、记大过、降级、降职、撤职、留用察看和开除等。

2. 行政处罚

安全生产违法行为行政处罚的种类：①警告；②罚款；③责令改正、责令限期改正、责令停止违法行为；④没收违法所得、没收非法开采的煤炭产品、采掘设备；⑤责令停产停业整顿、责令停产停业、责令停止建设、责令停止施工；⑥暂扣或者吊销有关许可证，暂停或者撤销有关执业资格、岗位证书；⑦关闭；⑧拘留；⑨安全生产法律、行政法规规定的其他行政处罚。

法律、行政法规将前款的责令改正、责令限期改正、责令停止违法行为规定为现场处理措施的除外。

二、民事责任

民事责任是民事主体因违反民事义务或者侵犯他人的民事权利所应承担的法律责任，主要是指违犯民法、婚姻法等。

1. 民事责任的种类

（1）违反合同的民事责任。

（2）侵权的民事责任。

（3）不履行其他义务的民事责任。

2. 民事责任的承担方式

根据发生损害事实的情况和后果，《民法通则》规定了承担民事责任的 10 种方式：

（1）停止侵害。

（2）排除妨碍。

（3）消除危险。

（4）返还财产。

（5）恢复原状。

（6）修理、重作、更换。

（7）赔偿损失。

（8）支付违约金。

（9）消除影响、恢复名誉。

（10）赔礼道歉。

3. 免除民事责任的情形

免除民事责任是指由于存在法律规定的事由，行为人对其不履行合同或法律规定的义务，造成他人损害不承担民事责任的情况。

（1）不可抗力。

（2）受害人自身过错。

（3）正当防卫。

（4）紧急避险。

三、刑事责任

刑事责任是指触犯了刑事法律，国家对刑事违法者给予的法律制裁。它是法律制裁中最严厉的一种，包括主刑和附加刑。主刑分为管制、拘役、有期徒刑、无期徒刑和死刑。附加刑有罚金、剥夺政治权利、没收财产等。主刑和附加刑可单独使用，也可一并使用。《中华人民共和国安全生产法》《中华人民共和国矿山安全法》都规定了追究刑事责任的违法行为及行为人。因此，违反《中华人民共和国安全生产法》《中华人民共和国矿山安全法》的犯罪行为也应该承担相应的法律责任。

煤矿安全生产相关的犯罪有重大责任事故罪、重大安全事故罪、不报或谎报安全事故罪、危险物品肇事罪、工程重大安全事故罪等。

1. 重大责任事故罪

《中华人民共和国刑法》第一百三十四条规定："在生产、作业中违反有关安全管理规定，因而发生重大伤亡事故或者造成其他严重后果的，处 3 年以下有期徒刑或者拘役；情节特别严重的，处 3 年以上 7 年以下有期徒刑。强令他人违章冒险作业，因而发生重大伤亡事故或者造成其他严重后果的，处 5 年以下有期徒刑或者拘役；情节特别恶劣的，处 5 年以上有期徒刑。"

2. 重大安全事故罪

《中华人民共和国刑法》第一百三十五条规定："安全生产设施或者安全生产条件不符合国家规定，因而发生重大伤亡事故或者造成其他严重后果的，对直接负责的主管人员和其他直接责任人员，处 3 年以下有期徒刑或者拘役；情节特别恶劣的，处 3 年以上 7 年以下有期徒刑。"

3. 不报或谎报安全事故罪

《中华人民共和国刑法》第一百三十六条规定："在安全事故发生后，负有报告职责的人员不报或者谎报事故情况，贻误事故抢救，情节严重的，处 3 年以下有期徒刑或者拘役；情节特别严重的，处 3 年以上 7 年以下有期徒刑。"

4. 危险物品肇事罪

《中华人民共和国刑法》第一百三十六条规定："违反爆炸性、易燃性、放射性、毒害性、腐蚀性物品的管理规定，降低工程质量标准，造成重大安全事故，造成严重后果的，处 3 年以下有期徒刑或者拘役；情节特别严重的，处 3 年以上 7 年以下有期徒刑。"

5. 工程重大安全事故罪

《中华人民共和国刑法》第一百三十七条规定："建设单位、设计单位、工程监理单位违反国家规定，降低工程质量标准，造成重大安全事故的，对直接责任人员，处 5 年以下有期徒刑或者拘役，并处罚金；后果特别严重的，处 5 年以上 10 年以下有期徒刑，并处罚金。"

要 点 歌

教育培训是关键　　努力学习有经验
考试合格再上岗　　安全知识经常讲
安全第一要牢记　　预防为主有寓意
综合治理全方位　　整体推进才有力
安全原则要领会　　培训管理和装备
煤矿标准信息化　　机械生产规模大
安全管理属地化　　部门监管责任大
责任主体在矿里　　岗位责任在自己
遵章守法守纪律　　执行标准不放弃
宪法法律和法规　　治理安全有权威
违法违规不要做　　责任追究不放过
行政民事和刑事　　违犯法律受惩治

复习思考题

1. 简述我国煤矿安全生产方针。
2. 落实煤矿安全生产方针有哪些措施？
3. 简述安全生产违法行为的法律责任。

第二章　煤矿生产技术与主要灾害事故防治

第一节　矿　井　开　拓

一、矿井的开拓方式

不同的井巷形式可组成多种开拓方式，通常以不同的井硐形式为依据，将矿井开拓方式分成平硐开拓、斜井开拓、立井开拓和综合开拓；按井田内布置的开采水平数目的不同，将矿井开拓方式分为单水平开拓和多水平开拓。

1. 平硐开拓

处在山岭和丘陵地区的矿区，广泛采用有出口直接通到地面的水平巷道作为井硐形式来开拓矿井，这种开拓方式叫做平硐开拓。

平硐开拓的优点：井下出煤不需要提升转载即可由平硐直接外运，因而运输环节和运输设备少、系统简单、费用低；平硐的地面工业建筑较简单，不需结构复杂的井架和绞车房；一般不需设硐口车场，更无需在平硐内设水泵房、水仓等硐室，减少许多井巷工程量；平硐施工条件较好，掘进速度较快，可加快矿井建设；平硐无需排水设备，对预防井下水灾也较有利。例如，垂直平硐开拓方式（图 2 – 1）。

2. 斜井开拓

斜井开拓是我国矿井广泛采用的一种开拓方式，有多种不同的形式，按井田内的划分方式，可分为集中斜井（有的地方也称阶段斜井）和片盘斜井，一般以一对斜井进行开拓。

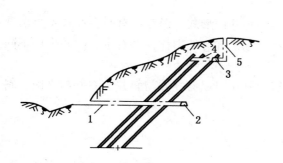

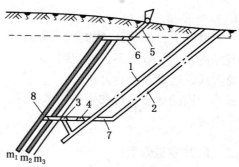

1—平硐；2—运输大巷；3—回风大巷；
4—回风石门；5—风井

图 2-1　垂直平硐开拓方式

1—主井；2—副井；3—车场绕道；4—集中运输大巷；
5—风井；6—回风大巷；7—副井底部车场；
8—煤层运输大巷；m_1、m_2、m_3—煤层

图 2-2　底板穿岩斜井开拓方式

采用斜井开拓时，根据煤层埋藏条件、地面地形以及井筒提升方式，斜井井筒可以分别沿煤层、岩层或穿越煤层的顶、底板布置。例如，底板穿岩斜井开拓方式（图 2-2）。

3. 立井开拓

立井开拓除井筒形式与斜井开拓不同外，其他基本都与斜井开拓相同，既可以在井田内划分为阶段或盘区，也可以为多水平或单水平，还可以在阶段内采用分区，分段或分带布置等。

采用立井开拓时，一般以一对立井（主井及副井）进行开拓，装备两个井筒，通常主井用箕斗提升，副井则为罐笼。例如，立井多水平采区式开拓方式（图 2-3）。

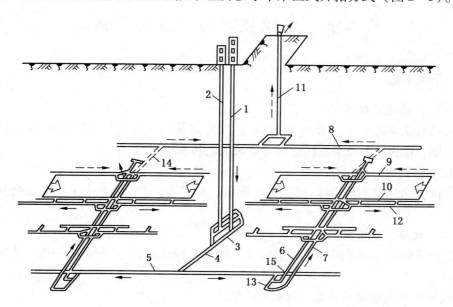

1—主井；2—副井；3—车场；4—石门；5—运输大巷；6—运输上山；7—轨道上山；8—回风大巷；
9—下料巷；10—皮带巷；11—风井；12—下料巷；13—底部车场；14—回风石门；15—煤仓

图 2-3　立井多水平采区式开拓方式

4. 综合开拓

一般情况下，矿井开拓的主、副井都是同一种井筒形式。但是，有时会在技术上出现困难或经济上出现效益不佳的问题，所以，在实际矿井开拓中往往会有主、副井采用不同的井筒形式，这就是综合开拓。

根据不同的地质条件和生产技术条件，综合开拓可以有立井与斜井、立井与平硐、斜井与平硐等。

二、矿井巷道分类

矿井巷道包括井筒、平硐和井下的各种巷道，是矿井建立生产系统，进行生产活动的基本条件。

1. 按巷道空间特征分类

矿井巷道按倾角不同可分为垂直巷道、倾斜巷道和水平巷道三大类。

2. 按巷道的服务范围分类

按巷道的服务范围分三类：开拓巷道、准备巷道和回采巷道。

（1）开拓巷道是指为全矿井服务或者为一个及一个以上的阶段服务的巷道，主要有主副立井（或斜井）、平硐、井底车场、主要运输大巷、回风石门及回风大巷等。

（2）准备巷道是指为一个采区或者为两个或两个以上的采煤工作面服务的巷道，主要有采区车场、采区煤仓、采区上下山、采区石门等。

（3）回采巷道是指只为一个工作面服务的巷道，主要有工作面运输巷、工作面回风巷、切眼等。

第二节　采煤技术与矿井生产系统

一、采煤工艺

1. 普通机械化采煤工艺

普通机械化采煤工艺简称为"普采"，其特点是用采煤机械同时完成落煤和装煤工序，而运煤、顶板支护及采空区处理与炮采工艺基本相同。

2. 综合机械化采煤工艺

综合机械化采煤工艺简称"综采"，即破、装、运、支、处5个主要工序全部实现机械化。

3. 综合机械化放顶煤采煤工艺

综合机械化放顶煤采煤工艺是指实现了综合机械化壁式（长壁或短壁）放顶煤的采煤工艺。

4. 缓倾斜长壁综采放顶煤工作面的采煤工序

放顶煤采煤可根据不同的煤层厚度，不同的倾角采取不同的放顶煤方法，主要包括五道基本工序，即割煤、移架、移前部输送机、移后部输送机、放煤。在采煤过程中，当前四道工序循环进行至确定的放煤步距时，在移设完前部输送机以后，就可以开始放煤。

二、采煤方法

采煤方法是指采煤工艺与回采巷道布置及其在时间上、空间上的相互配合，包括采煤系统和采煤工艺两部分。采煤方法种类很多，总的划分为壁式和柱式两大类。

1. 壁式体系特点

（1）采煤工作面较长，工作面两端至少各有一条巷道，用于通风、运输、行人等，采出的煤炭平行于煤壁方向运出工作面。

（2）壁式体系工作面产量高，煤炭损失少，系统简单，安全生产条件好。

（3）巷道利用率低，工艺复杂。

2. 柱式体系特点

（1）煤壁短，同时开采的工作面多，采出的煤炭垂直于工作面方向运出。

（2）柱式体系采煤巷道多，掘进率高，设备移动方便。

（3）通风条件差，采出率低。

三、矿井的主要生产系统

矿井的生产系统有采煤系统，矿井提升与运输系统，通风系统，供电系统，排水系统，压风系统等。它们由一系列的井巷工程和机械、设备、仪器、管线等组成，这里介绍前四种。

（一）采煤系统

采煤巷道的掘进一般是超前于回采工作进行的。它们之间在时间上的配合以及在空间上的相互位置，称为采煤巷道布置系统，也叫采煤系统。实际生产过程中，有时在采煤系统内会出现一些如采掘接续紧张、生产与施工相互干扰的问题，应在矿井设计阶段或掘进工程施工前统筹考虑解决。

（二）矿井提升和运输系统

矿井提升和运输系统是生产过程中重要的一环。它担负着煤、矸石、人员、材料、设备与器材的送进、运出工作。其运输、提升系统均按下述路线进行。

由采掘工作面采落的煤、矸石经采区运输巷道运输至储煤仓或放矸小井，放入主要运输大巷以后，由电机车车组运至井底车场，装入井筒中的提升设备，提升到地面装车运往各地。而材料、设备和器材则按相反方向送至井下各工作场所。井下工作人员也是通过这样的路线往返于井下与地面。下面以立井开拓为例，对井下运输系统作一简述。

1. 运煤系统

采煤工作面的煤炭→工作面（刮板输送机）→工作面运输巷（转载机、带式输送机）→煤仓→石门（电机车）→运输大巷→（电机车）→井底车场→井底煤仓→主井（主提升机）→井口煤仓。

2. 排矸系统

掘进工作面的矸石→矿车（蓄电池电机车）→采区轨道上山（绞车）→采区车场→水平大巷（电机车）→井底车场→副井（副井提升机）→地面（电机车）→矸石山。

3. 材料运输系统

地面材料设备库→副井口（副井提升机）→井底车场→水平运输大巷（电机车）→采区

车场→轨道上山（绞车）→区段集中巷（蓄电池机车）→区段材料斜巷（绞车）→工作面材料巷存放点。

4. 井下常用的运输设备

（1）刮板输送机主要用于工作面运输。

（2）无极绳运输主要用于平巷运输。

（3）胶带输送机主要用于采区平巷运输。

（4）电机车运输主要用于大巷运输。

（三）通风系统

矿井通风系统是进、回风井的布置方式，主要通风机的工作方法，通风网路和风流控制设施的总称。

矿井通风系统的通风路线：地面新鲜风流→副井→井底车场→主石门→水平运输大巷→采区石门→进风斜巷→工作面进风巷→工作面→回采工作面回风巷→回风斜巷→总回风巷→风井→地面。

（四）供电系统

煤矿的正常生产，需要许多相关地辅助系统。供电系统是给矿井提供动力的系统。矿井供电系统是非常重要的一个系统。它是采煤、掘进、运输、通风、排水等系统内各种机械、设备运转时不可缺少的动力源网络系统。由于煤矿企业的特殊性，对矿井供电系统要求是绝对可靠，不能出现随意断电事故。为了保证可靠供电，要求必须有双回路电源，同时保证矿井供电。如果某一回路出现故障，另一回路必须立即供电，否则，就会发生重大事故。

一般矿井供电系统：双回路电网→矿井地面变电所→井筒→井下中央变电所→采区变电所→工作面用电点。

煤矿常用的供电设备有变压器、电动机、各种高低压配电控制开关、各种电缆等。煤矿常用的三相交流电额定线电压有 110 kV、35 kV、6 kV、1140 V、660 V、380 V、220 V、127 V 等。

除一般供电系统外，矿井还必须对一些特殊用电点实行专门供电。如矿井主要通风机、井底水泵房、掘进工作面局部通风机、井下需专门供电的机电硐室等。

井下常见的电气设备主要包括变压器、电动机和矿用电缆等。

四、矿井其他系统

1. 矿井供排水系统

为保证煤矿的生产安全，对井下落煤、装煤、运煤等系统进行洒水、喷雾来降尘，且井下的自然涌水、工程废水等都必须排至井外。由排水沟、井底（采区）水仓、排水泵、供水管路、排水管路等形成的系统，其作用就是储水、排水，防止发生矿井水灾事故。

供水系统将保证井下工程用水，特别是防尘用水。矿井供水路线：地面水池→管道→井筒→井底车场→水平运输大巷→采区上（下）山→区段集中巷→区段斜巷→工作面两巷。

在供水管道系统中，有大巷洒水、喷雾、防尘水幕。煤的各个转载点都有洒水灭尘喷头，采掘工作面洒水灭尘喷雾装置；采掘工作面机械设备冷却供水系统等。

矿井水主要来自于地下含水层水、顶底板水、断层水、采空区水及地表水的补给。在生产中必须排到地面。为了排出矿井水，矿井一般都在井底车场处设有专门的水仓及水泵房。水仓一般都有两个，其中一个储水、一个清理。主水泵房在水仓上部，水泵房内装有至少3台水泵，通过多级水泵将水排到地面。

水仓中的水则是由水平大巷内的水沟流入的。在水平运输大巷人行道一侧挖有水沟，水会流向井底车场方向。排水沟需要经常清理，保证水的顺利流动。

水平大巷排水沟的水又来自于各个采区。上山采区的水一般自动流入排水沟。下山采区的水则需要水泵排入大巷水沟，一般在下山采区下部都设有采区水仓，且安装水泵，通过管道将水排到大巷水沟内。

除矿井大的排水系统外，井下采掘工作面有时积水无法自动流出，还需要安装水泵排出，根据水量随时开动水泵排水。

在井下生产中，应注意不要在水沟内堆积坑木和其他杂物，为保持排水畅通，水沟还需定期清理。

2. 压风系统

空气压缩机是一种动力设备，其作用是将空气压缩，使其压力增高且具有一定的能量来作为风动工具（如凿岩机、风镐、风动抓岩机、风动装岩机等）、巷道支护（锚喷）、部分运输装载等采掘机械的动力源。

压气设备主要由拖动设备、空气压缩机及其附属装置（包括滤风器、冷却器、储气罐等）和输气管道等组成。

3. 瓦斯监测系统

我国的瓦斯矿井都要安装瓦斯监控系统。这种系统是在井下采掘工作面及需要监测瓦斯的地方安设多功能探头，这些探头不断监测井下瓦斯的浓度，并将监测的气体浓度通过井下处理设备转变为电信号，通过电缆传至地面主机房。在地面主机房又安设了信号处理器，将电信号转变为数字信号，并在计算机及大屏幕上显示出来。管理人员随时通过屏幕掌握井下各监控点的瓦斯浓度，一旦某处瓦斯超限，井上下会同时报警并自动采取相应的断电措施。

没有安装矿井安全监控系统的矿井的煤巷、半煤岩巷和有瓦斯涌出的岩巷的掘进工作面，必须装备甲烷电闭锁装置或甲烷断电仪和风电闭锁装置。没有装备矿井安全监控系统的无瓦斯涌出的岩巷掘进工作面，必须装备风电闭锁装置，没有装备矿井安全监控系统的矿井采煤工作面，必须装备甲烷断电仪。

4. 煤矿井下人员定位系统

煤矿井下人员定位系统一般由识别卡、位置监测分站、电源箱（可与分站一体化）、传输接口、主机（含显示器）、系统软件、服务器、打印机、大屏幕、UPS电源、远程终端、网络接口和电缆等组成。

5. 瓦斯抽放系统

瓦斯抽放系统主要分为井上瓦斯泵站抽放系统和井下移动泵站瓦斯抽放系统两种方式。在开采煤层之前首先要把煤层的瓦斯浓度降低到国家要求的安全标准才能进行开采，只有这样才能保证煤矿的安全生产。使用专业的抽放设备和抽放管路抽放井下的瓦斯，首先要在煤层钻孔，插入管路，然后通过聚氨酯密封，再通过井上瓦斯抽放泵或者井下的移动泵站把煤层的瓦斯和采空区的瓦斯抽放到安全地区排空或者加以利用。

第三节　煤矿井下安全设施与安全标志种类

一、煤矿井下安全设施

煤矿井下安全设施是指在井下有关巷道、硐室等地方安设的专门用于安全生产的装置和设备，井下安全设施有以下几种：

1. 防瓦斯安全设施

防瓦斯安全设施主要有瓦斯监测装置和自动报警断电装置等。其作用是监测周围环境空气中的瓦斯浓度，当瓦斯浓度超过规定的安全值时，会自动发出报警信号；当瓦斯浓度达到危险值时，会自动切断被测范围的动力电源，以防止瓦斯爆炸事故的发生。

瓦斯监测和自动报警断电装置主要安设在掘进煤巷和其他容易产生瓦斯积聚的地方。

2. 通风安全设施

通风安全设施主要有局部通风机、风筒及风门、风窗、风墙、风障、风桥和栅栏等。其作用是控制和调节井下风流和风量，供给各工作地点所需要的新鲜空气，调节温度和湿度、稀释空气中的有毒有害气体。

局部通风机、风筒主要安设在掘进工作面及其他需要通风的硐室、巷道；栅栏安设在无风、禁止人员进入的地点；其他通风安全设施安设在需要控制和调节通风的相应地点。

3. 防灭火安全设施

防灭火安全设施主要有灭火器、灭火砂箱、铁锹、水桶、消防水管、防火铁门和防火墙。其作用是扑灭初始火灾和控制火势蔓延。

防灭火安全设施主要安设在机电硐室及机电设备较集中的地点。防火铁门主要安设在机电硐室的出入口和矿井进风井的下井口附近；防火墙构筑在需要密封的火区巷道中。

4. 防隔爆设施

防隔爆设施主要有防爆门、隔爆水袋、水槽、岩粉棚等。其作用是阻止爆炸冲击波、高温火焰的蔓延扩大，减少因爆炸带来的危害。

隔爆水袋、水槽、岩粉棚主要安设在矿井有关巷道和采掘工作面的进、回风巷中；防爆铁门安设在机电硐室的出入口；井下爆炸器材库的两个出口必须安设能自动关闭的抗冲击波活门和抗冲击波密闭门。

5. 防尘安全设施

防尘安全设施主要有喷雾洒水装置及系统。其作用是降低空气中的粉尘浓度，防止煤尘发生爆炸和影响作业人员的身体健康，保持良好的作业环境。

防尘安全设施主要安设在采掘工作面的回风巷道以及转载点、煤仓放煤口和装煤（岩）点等处。

6. 防水安全设施

防水安全设施主要有水沟、排水管道、防水门、防水闸和防水墙等。其作用是防止矿井突然出水造成水害和控制水害影响的范围。

水沟和排水管道设置在巷道一侧，且具有一定坡度，能实现自流排水，若往上排水则需要加设排水泵；其他防水安全设施安设在受水患威胁的地点。

7. 提升运输安全设施

提升运输安全设施主要有罐门、罐帘、各种信号、电铃、阻挡车器。其作用是保证提升运输过程中的安全。

（1）罐门、罐帘主要安设在提升人员的罐笼口，以防止人员误乘罐、随意乘罐。

（2）各种信号灯、电铃、笛子、语音信号、口哨、手势等，在提升运输过程中安设和使用，用于指挥调度车辆运行或者表示提升运输设备的工作状态。

（3）阻挡车器主要安装在井筒进口和倾斜巷道，防止车辆自动滑向井底和防止倾斜巷道发生跑车或防止跑车后造成更大的损失。

8. 电气安全设施

供电系统及各电气设备上需装设漏电继电器和接地装置，其目的是防止发生各种电气事故而造成人身触电等。

9. 避难硐室

避难硐室主要有以下 3 种：

（1）躲避硐室指倾斜巷道中防止车辆运输碰人、跑车撞人事故而设置的躲避硐室。

（2）避难硐室是事先构筑在井底车场附近或采掘工作面附近的一种安全设施。其作用是当井下发生事故时，若灾区人员无法撤退，可以暂时躲避以等待救援。

（3）压风自救硐室。当发生瓦斯突出事故时，灾区人员可以进入压风自救硐室避灾自救，等待救援。压风自救硐室通常设置在煤与瓦斯突出矿井采掘工作面的进、回风巷，有人工作场所和人员流动的巷道中。

为了使井下各种安全设施经常处于良好状态，真正发挥防止事故发生、减小事故危害的作用，井下从业人员必须自觉爱护这些安全设施，不随意摸动，如果发现安全设施有损坏或其他不正常现象，应及时向有关部门或领导汇报，以便及时进行处理。

二、煤矿井下安全标志种类

煤矿井下安全标志按其使用功能可分为禁止标志，警告标志，指令标志，路标、铭牌、提示标志，指导标志等。

1. 禁止标志

这是禁止或制止人们某种行为的标志。有"禁止带火""严禁酒后入井（坑）""禁止明火作业"等 16 种标志。

2. 警告标志

这是警告人们可能发生危险的标志。有"注意安全""当心瓦斯""当心冒顶"等 16 种标志。

3. 指令标志

这是指示人们必须遵守某种规定的标志。有"必须戴安全帽""必须携带矿灯"、"必须携带自救器"等 9 种标志。

4. 路标、铭牌、提示标志

这是告诉人们目标、方向、地点的标志。有"安全出口""电话""躲避硐室"等 12 种标志。

5. 指导标志

这是提高人们思想意识的标志。有"安全生产指导标志"和"劳动卫生指导标志"两种标志。

此外，为了突出某种标志所表达的意义，在其上另加文字说明或方向指示，即所谓"补充标志"。补充标志只能与被补充的标志同时使用。

第四节　瓦斯事故防治与应急避险

一、瓦斯的性质与危害

瓦斯是一种混合气体，其主要成分为甲烷（CH_4，占 90% 以上），所以瓦斯通常专指甲烷。

瓦斯有如下性质及危害：

（1）矿井瓦斯是无色、无味、无臭的气体。要检查空气中是否含有瓦斯及其浓度，必须使用专用的瓦斯检测仪才能检测出来。

（2）瓦斯比空气轻，在风速低的时候它会积聚在巷道顶部、冒落空洞和上山迎头等处，因此必须加强这些部位的瓦斯检测和处理。

（3）瓦斯有很强的扩散性。一处瓦斯涌出就能扩散到巷道附近。

（4）瓦斯的渗透性很强。在一定的瓦斯压力和地压共同作用下，瓦斯能从煤岩中向采掘空间涌出，甚至喷出或突出。

（5）矿井瓦斯具有燃烧性和爆炸性。当瓦斯与空气混合到一定浓度时，遇到引爆源，就能引起燃烧或爆炸。

（6）当井下空气中瓦斯浓度较高时，会相对降低空气中的氧气浓度而使人窒息死亡。

二、瓦斯涌出的形式及涌出量

（一）瓦斯涌出的形式

1. 普通涌出

由于受采掘工作的影响，促使瓦斯长时间均匀、缓慢地从煤、岩体中释放出来，这种涌出形式称为普通涌出。这种涌出时间长、范围广、涌出量多，是瓦斯涌出的主要形式。

2. 特殊涌出

特殊涌出包括喷出和突出。

（1）喷出。在短时间内，大量处于高压状态的瓦斯，从采掘工作面煤（岩）裂隙中突然大量涌出的现象，称为喷出。

（2）突出。在瓦斯喷出的同时，伴随有大量的煤粉（或岩石）抛出，并有强大的机械效应，称为煤（岩）与瓦斯突出。

（二）矿井瓦斯的涌出量

矿井瓦斯的涌出量是指在开采过程中，单位时间内或单位质量煤中放出的瓦斯数量。矿井瓦斯涌出量的表示方法如下：

（1）绝对瓦斯涌出量是指单位时间内涌入采掘空间的瓦斯数量，单位为 m^3/min 或

m^3/d。

（2）相对瓦斯涌出量是指在矿井正常生产条件下，月平均生产 1 t 煤所涌出的瓦斯数量，单位为 m^3/t。

三、瓦斯爆炸预防及措施

瓦斯爆炸就是瓦斯在高温火源的作用下，与空气中的氧气发生剧烈的化学反应，生成二氧化碳和水蒸气，同时产生大量的热量，形成高温、高压，并以极高的速度向外冲击而产生的动力现象。

1. 瓦斯爆炸的条件

瓦斯发生爆炸必须同时具备 3 个基本条件：一是瓦斯的浓度在爆炸界限内，一般为 5% ~16%；二是混合气体中氧气的浓度不低于12%；三是有足够能量的点火源，一般温度为 650~750 ℃以上，且火源存在的时间大于瓦斯爆炸的感应期。瓦斯发生爆炸时，爆炸的 3 个条件必须同时满足，缺一不可。

2. 预防瓦斯积聚的措施

（1）落实瓦斯防治的十二字方针："先抽后采、监测监控、以风定产"，从源头上消除瓦斯的危害。

（2）明确"通风是基础，抽采是关键，防突是重点，监控是保障"的工作思路。

（3）构建"通风可靠、抽采达标、监控有效、管理到位"的煤矿瓦斯综合治理工作体系。

3. 防止引燃瓦斯的措施

（1）严禁携带烟草及点火工具下井；严禁穿化纤衣服入井；井下严禁使用电炉；严禁拆卸、敲打、撞击矿灯；井口房、瓦斯抽放站、通风机房周围 20 m 内禁止使用明火；井下电、气焊工作应严格审批手续并制定有效的安全措施；加强井下火区管理等。

（2）井下爆破工作必须使用煤矿许用电雷管和煤矿许用炸药，且质量合格，严禁使用不合格或变质的电雷管或炸药，严格执行"一炮三检"制度。

（3）加强井下机电和电气设备管理，防止出现电气火花。如局部通风机必须设置风电闭锁和瓦斯电闭锁等。

（4）加强井下机械的日常维护和保养工作，防止机械摩擦火花引燃瓦斯。

4. 发生瓦斯爆炸事故时的应急避险

瓦斯爆炸事故通常会造成重大的伤亡，因此，煤矿从业人员应了解和掌握在发生瓦斯爆炸时的避险自救知识。

瓦斯及煤尘爆炸时可产生巨大的声响、高温、有毒气体、炽热火焰和强烈的冲击波。因此，在避难自救时应特别注意以下几个要点：

（1）当灾害发生时一定要镇静清醒，不要惊慌失措、乱喊乱跑，当听到或感觉到爆炸声响和空气冲击波时，应立即背朝声响和气浪传来的方向，脸朝下，双手置于身体下面，闭上眼睛迅速卧倒。头部要尽量低，有水沟的地方最好趴在水沟边上或坚固的障碍物后面。

（2）立即屏住呼吸，用湿毛巾捂住口、鼻，防止吸入有毒的高温气体，避免中毒或灼伤气管和内脏。

（3）用衣服将自己身上裸露的部分尽量盖严，防止火焰和高温气体灼伤皮肉。

（4）迅速取下自救器，按照使用方法戴好，防止吸入有毒气体。

（5）高温气浪和冲击波过后应立即辨别方向，以最短的距离进入新鲜风流中，并按照避灾路线尽快逃离灾区。

（6）已无法逃离灾区时，应立即选择避难硐室，充分利用现场的一切器材和设备来保护人员和自身的安全。进入避难硐室后要注意安全，最好找到离水源近的地方，设法堵好硐口，防止有害气体进入，注意节约矿灯用电和食品，室外要做好标记，有规律地敲打连接外部的管子、轨道等，发出求救信号。

5. 发生煤与瓦斯突出事故时的应急避险

1）在处理煤与瓦斯突出事故时，应遵循如下原则：

（1）远距离切断灾区和受影响区域的电源，防止产生电火花引起的瓦斯爆炸。

（2）尽快撤出灾区和受威胁区的人员。

（3）派救护队员进入灾区探查灾害情况，抢救遇险人员，详细向救灾指挥部汇报。

（4）发生突出事故后，不得停风和反风，尽快制定恢复通风系统的安全措施。技术人员不宜过多，做到分工明确，有条不紊；救人本着"先外后里、先明后暗、先活后死"原则。

（5）认真分析和观测是否有二次突出的可能，采取相应措施。

（6）突出造成巷道破坏严重、范围较大、恢复困难时，抢救人员后，要对采区进行封闭。

（7）煤与瓦斯突出后，造成火灾或瓦斯爆炸的，按火灾或爆炸事故处理。

2）煤与瓦斯突出事故的应急处理

（1）在矿井通风系统未遭遇到严重破坏的情况下，原则上保持现有的通风系统，保证主要通风机的正常运转。

（2）发生煤（岩）与瓦斯突出时，对充满瓦斯的主要巷道应加强通风管理，防止风流逆转，复建通风系统，恢复正常通风。按规定将高浓度瓦斯直接引入回风道中排出矿井。

（3）根据灾区情况迅速抢救遇险人员，在抢险救援过程中注意突出预兆，防止再次突出造成事故扩大。

（4）要慎重处置灾区和受影响区域的电源，断电作业应在远距离进行，防止产生电火花引起爆炸。

（5）灾区内不准随意启闭电气设备开关，不要扭动矿灯和灯盖，严密监视原有火区，查清楚突出后是否出现新火源，并加以控制，防止引爆瓦斯。

（6）综掘、综采、炮采工作面发生突出时，施工人员佩戴好隔离式自救器或就近躲入压风自救袋内，打开压风并迅速佩戴好隔离式自救器，按避灾路线撤出灾区后，由当班班组长或瓦斯检查员及时向调度室汇报，调度室通知受灾害影响范围内的所有人员撤离。

3）处理煤与瓦斯突出事故的行动原则

一般小型突出，瓦斯涌出量不大，容易引起火灾，除局部灾区由救护队处理外，在通风正常区内矿井通风安全人员可参与抢救工作。

（1）救护队接到通知后，应以最快速度赶到事故地点，以最短路线进入灾区抢救人员。

（2）救护队进入灾区时应保持原有通风状况，不得停风或反风。

（3）进入灾区前，应先切断灾区电源。

（4）处理煤与瓦斯突出事故时，矿山救护队必须携带 0～100% 的瓦斯监测器，严格监视瓦斯浓度的变化。

（5）救护队进入灾区，应特别观察有无火源，发现火源立即组织灭火。

（6）灾区中发现突出煤矸堵塞巷道，使被堵灾区内人员安全受到威胁时，应采用一切尽可能的办法贯通，或用插板法架设一条小断面通道，救出灾区内人员。

（7）清理时，在堆积处打密集柱和防护板。

（8）在灾区或接近突出区工作时，由于瓦斯浓度异常变化，应严加监视。

（9）煤层有自然发火危险的，发生突出后要及时清理。

第五节　火灾事故防治与应急避险

一、发生火灾的基本要素

热源、可燃物和氧是发生火灾的三要素。以上三要素必须同时存在才会发生火灾，缺一不可。

二、矿井火灾分类

根据引起矿井火灾的火源不同，通常可将矿井火灾分成两大类：一类是外部火源引起的矿井火灾，也叫外因火灾；另一类是由于煤炭自身的物理、化学性质等内在因素引起的火灾，也叫内因火灾。

三、外因火灾的预防

预防外因火灾从杜绝明火与机电火花着手，其主要措施如下：

（1）井下严禁吸烟和使用明火。

（2）井下严禁使用灯泡取暖和使用电炉。

（3）瓦斯矿井要使用安全炸药，爆破要遵守煤矿安全规程。

（4）正确选择矿用型（具有不延燃护套）橡套电缆。

（5）井下和井口房不得从事电焊、气焊、喷灯焊等作业。

（6）利用火灾检测器及时发现初期火灾。

（7）井下和硐室内不准存放汽油、煤油和变压器油。

（8）矿井必须设地面消防水池和井下消防管理系统确保消防用水。

（9）新建矿井的永久井架和井口房，或者以井口房、井口为中心的联合建筑，都必须用不燃性材料建筑。

（10）进风井口应装设防火铁门，防火铁门必须严密并易于关闭，打开时不妨碍提升、运输和人员通行，并应定期维修；如不设防火铁门，必须有防止烟火进入矿井的安全措施。

四、煤炭自燃及其预防

1. 煤炭自燃的初期预兆

（1）巷道内湿度增加，出现雾气、水珠。

（2）煤炭自燃放出焦油味。

（3）巷道内发热，气温升高。

（4）人有疲劳感。

2. 预防煤炭自燃的主要方法

（1）均压通风控制漏风供氧。

（2）喷浆堵漏、钻孔灌浆。

（3）注凝胶灭火。

五、井下直接灭火的方法

（1）水灭火。

（2）砂子或岩粉灭火。

（3）挖出火源。

（4）干粉灭火。

（5）泡沫灭火。

第六节　煤尘事故防治与应急避险

一、矿尘及分类

在矿井生产过程中所产生的各种矿物细微颗粒，统称为矿尘。

矿尘的大小（指尘粒的平均直径）称为矿尘的粒度，各种粒度的矿尘，在全部矿尘中所占的百分数称为矿尘的分散。

（1）按矿尘的成分可分为煤尘和岩尘。

（2）按有无爆炸性可分为有爆炸性矿尘和无爆炸性矿尘。

（3）按矿尘粒度范围可分为全尘和呼吸性粉尘（粒度在 5 μm 以下，能被人吸入支气管和肺部的粉尘）。

（4）矿尘存在可分为浮尘和落尘。

二、煤尘爆炸的条件

（1）煤尘自身具备爆炸危险性。

（2）煤尘云的浓度在爆炸极限范围内。

（3）存在能引燃煤尘爆炸的高温热源。

（4）充足的氧气。

三、煤矿粉尘防治技术

目前，我国煤矿主要采取以风、水为主要介质的综合防尘技术措施，即一方面用水将粉尘湿润捕获；另一方面借助风流将粉尘排出井外。

1. 减尘技术措施

根据《煤矿安全规程》规定，在采掘过程中，为了大量减少或基本消除粉尘在井下飞扬，必须采取湿式钻眼、使用水炮泥、煤层注水、改进采掘机械的运行参数等方法减少粉尘的产生量。

2. 矿井通风排尘

采掘工作面的矿尘浓度与通风的关系非常密切，合理进行通风是控制采掘工作面的矿尘浓度的有效措施之一。应当指出，最优风速不是恒定不变的，它取决于被破碎煤、岩的性质，矿尘的粒度及矿尘的含水程度等。

3. 煤矿湿式除尘技术

湿式除尘是井工开采应用最普遍的一种方法。按作用原理，湿式除尘可分为两类：一是用水湿润，冲洗初生和沉积的粉尘；二是用水捕集悬浮于空气中的粉尘。这两类除尘方式的效果均以粉尘得到充分湿润为前提。喷雾洒水的作用如下：

（1）在雾体作用范围内高速流动的水滴与粉尘碰撞后，尘粒被湿润，并在重力作用下沉降。

（2）高速流动的雾体将其周围的含尘空气吸引到雾体内湿润下沉。

（3）雾体与沉降的粉尘湿润黏结，使之不易二次飞扬。

（4）增加沉积煤尘的水分，预防着火。

4. 个体防护

尽管矿井各生产环节采取了多项防尘措施，但也难以使各作业场所粉尘浓度达到规定，有些作业地点的粉尘浓度严重超标。因此，个体防护是防尘工作中不容忽视的一个重要方面。

个体防护的用具主要包括防尘口罩、防尘帽、防尘呼吸器、防尘面罩等，其目的是使佩戴者既能呼吸净化后的空气，又不影响正常操作。

四、煤尘爆炸事故的应急处置

由于煤尘爆炸应急处置与瓦斯、煤尘爆炸事故的应急处置措施一样，所以这里不做陈述。

五、煤尘爆炸事故的预防措施

1. 防爆措施

矿井必须建立完善的防尘供水系统。对产生煤尘的地点应采取防尘措施，防止引爆煤尘的措施如下：

（1）加强管理，提高防火意识。

（2）防止爆破火源。

（3）防止电气火源和静电火源。

（4）防止摩擦和撞击点火。

2. 隔爆措施

《煤矿安全规程》规定，开采有煤尘爆炸危险性煤层的矿井，必须有预防和隔绝煤尘爆炸的措施。其作用是隔绝煤尘爆炸传播，就是把已经发生的爆炸限制在一定的范围内，不让爆炸火焰继续蔓延，避免爆炸范围扩大，其主要措施有：

（1）采取被动式隔爆方法，如在巷道中设置岩粉棚或水棚。

（2）采取自动式隔爆方法，如在巷道中设置自动隔爆装置等。

（3）制定预防和隔绝煤尘爆炸措施及管理制度，并组织实施。

第七节 水害事故防治与应急避险

水害是煤矿五大灾害之一，水害事故在煤矿重特大事故中占比例较大。

一、矿井水害的来源

形成水害的前提是必须要有水源。矿井水的来源主要是地表水、地下水、老空水、断层水。

二、矿井突水预兆

1. 一般预兆

（1）矿井采、掘工作面煤层变潮湿、松软。

（2）煤帮出现滴水、淋水现象，且淋水由小变大。

（3）有时煤帮出现铁锈色水迹。

（4）采、掘工作面气温低，出现雾气或硫化氢气味。

（5）采、掘工作面有时可听到水的"嘶嘶"声。

（6）采、掘工作面矿压增大，发生片帮、冒顶及底鼓。

2. 工作面底板灰岩含水层突水预兆

（1）采、掘工作面压力增大，底板鼓起，底鼓量有时可达 500 mm 以上。

（2）采、掘工作面底板产生裂隙，并逐渐增大。

（3）采、掘工作面沿裂隙或煤帮向外渗水，随着裂隙的增大，水量增加，当底板渗水量增大到一定程度时，煤帮渗水可能停止，此时水色时清时浊，底板活动时水变浑浊，底板稳定时水色变清。

（4）采、掘工作面底板破裂，沿裂缝有高压水喷出，并伴有"嘶嘶"声或刺耳水声。

（5）采、掘工作面底板发生"底爆"，伴有巨响，地下水大量涌出，水色呈乳白色或黄色。

3. 松散空隙含水层突水预兆

（1）矿井采、掘工作面突水部位发潮、滴水且滴水现象逐渐增大，仔细观察可以发现水中含有少量细砂。

（2）采、掘工作面发生局部冒顶，水量突增并出现流沙，流沙常呈间歇性，水色时清时浊，总的趋势是水量、沙量增加，直至流沙大量涌出。

（3）顶板发生溃水、溃沙，这种现象可能影响到地表。

实际的突水事故过程中，这些预兆不一定全部表现出来，所以在煤矿防治水工作应该细心观察，认真分析、判断。

三、矿井水害事故的应急处置

（1）发生水灾事故后，应立即撤出受灾区和灾害可能波及区域的全部人员。

（2）迅速查明水灾事故现场的突水情况，组织有关专家和工程技术人员分析形成水灾事故的突水水源、矿井充水条件、过水通道、事故将造成的危害及发展趋势，采取针对性措施，防止事故影响的扩大。

（3）坚持以人为本的原则，在水灾事故中若有人员被困时，应制定并实施抢险救人的办法和措施，矿山救护和医疗卫生部门做好救助准备。

（4）根据水灾事故抢险救援工程的需要，做好抢险救援物资准备和排水设备及配套系统的调配的组织协调工作。

（5）确认水灾已得到控制并无危害后，方可恢复矿井正常生产状态。

四、矿井水害的防治

防治水害工作要坚持以防为主，防治结合以及当前和长远、局部与整体、地面与井下、防治与利用相结合的原则；坚持"预测预报、有疑必探、先探后掘、先治后采"的十六字方针；落实"防、堵、疏、排、截"五项措施，根据不同的水文地质条件，采用不同的防治方法，因地制宜，统一规划，综合治理。

五、矿井发生透水事故时应急避险的措施

矿井发生突水事故时，要根据灾区情况迅速采取以下有效措施，进行紧急避险。

（1）在突水迅猛、水流急速的情况下，现场人员应立即避开出水口和泄水流，躲避到硐室内、拐弯巷道或其他安全地点。如情况紧急来不及转移躲避时，可抓牢棚梁、棚腿及其他固定物体，防止被涌水打倒和冲走。

（2）当老空区水涌出，使所在地点有毒有害气体浓度增高时，现场作业人员应立即佩戴好自救器。

（3）井下发生突水事故后，绝不允许任何人以任何借口在不佩戴防护器的情况下冒险进入灾区。否则，不仅达不到抢险救灾的目的，反而会造成自身伤亡，扩大事故。

（4）水灾事故发生后，现场及附近地点工作人员在脱离危险后，应在可能情况下迅速观察和判断突水地点、涌水的程度、现场被困人员等情况并立即报告矿井调度。

第八节　顶板事故防治与应急避险

顶板发生事故主要是指在井下建设、生产过程中，因为顶板冒落、垮塌而造成的人员伤亡、设备损坏和生产停止事故。

一、顶板事故的类型和特点

按一次冒落的顶板范围和伤亡人员多少来划分，常见的顶板事故可分为局部冒顶事故和大面积切顶事故两大类。

1. 局部冒顶事故

局部冒顶事故绝大部分发生在临近断层、褶曲轴部等地质构造部位，多数发生在基本顶来压前后，特别是在直接顶由强度较低、分层厚度较小的岩层组成的情况下。

采煤工作面局部冒顶易发生地点是放顶线、煤壁线、工作面上下出口和有地质构造变化的区域。

掘进工作面局部冒顶事故，易发生在掘进工作面空顶作业地点、木棚子支护的巷道、在倾斜巷道、岩石巷道、煤巷开口处、地质构造变化地带和掘进巷道工作面过旧巷等处。

2. 大面积切顶事故

大面积切顶事故的特点是冒顶面积大、来势凶猛、后果严重，不仅严重影响生产，往往还会导致重大人身伤亡事故。事故原因是直接顶和基本顶的大面积运动。由直接顶运动造成的垮面事故，按其作用力性质和顶板运动时的始动方向又可分为推垮型事故和压垮型事故。

二、顶板事故的危害

（1）无论是局部冒顶还是大型冒顶，事故发生后，一般都会推倒支架，埋压设备，造成停电、停风，给安全管理带来困难，对安全生产不利。

（2）如果是地质构造带附近的冒顶事故，不仅给生产造成麻烦，有时还会引起透水事故的发生。

（3）在瓦斯涌出区附近发生顶板事故将伴有瓦斯的突出，易造成瓦斯事故。

（4）如果是采、掘工作面发生顶板事故，一旦人员被堵或被埋，将造成人员的伤亡。

顶板冒落预兆有响声、掉渣、片帮、裂缝、脱层、漏顶等。发现顶板冒落预兆时的应急处置包括：

①迅速撤离；②及时躲避；③立即求救；④配合营救。

三、顶板事故的预防与治理

（1）充分掌握顶板压力分布及来压规律。冒顶事故大都发生在直接顶初次垮落、基本顶初次来压和周期来压过程中。

（2）采取有效的支护措施。根据顶板特性及压力大小采取合理、有效的支护形式控制顶板，防止冒顶。

（3）及时处理局部漏顶，以免引起大冒顶。

（4）坚持"敲帮问顶"制度。

（5）严格按规程作业。

第九节　冲击地压及矿井热灾害的防治

冲击地压是世界采矿业共同面临的问题，不仅发生在煤矿、非金属矿和金属矿等地下巷道中，而且也发生在露天矿以及隧道等岩体工程中。冲击地压发生的主要原因是岩体应力，而岩体应力除构造应力引起的变异外，一般是随深度增加而增加的上覆岩层自重力。因此，冲击地压存在一个始发深度。由于煤岩力学性质和赋存条件不同，始发深度也不一样，一般为 200~500 m。

　　冲击地压发生机理极为复杂，发生条件多种多样。但有两个基本条件取得了大家的共识：一是冲击地压是"矿体—围岩"系统平衡状态失稳破坏的结果；二是许多发生在采掘活动中形成的应力集中区，当压力增加超过极限应力，并引起变形速度超过一定极限时即发生冲击地压。

一、冲击地压灾害的防治

（一）现象及机理

　　冲击地压是煤岩体突然破坏的动力现象，是矿井巷道和采场周围煤岩体由于变形能的释放而产生以突然、急剧、猛烈破坏为特征的矿山压力现象，是煤矿重大灾害之一。

　　煤矿冲击地压的主要特征：一是突发性，发生前一般无明显前兆，且冲击过程短暂，持续时间几秒到几十秒；二是多样性，一般表现为煤爆、浅部冲击和深部冲击，最常见的是煤层冲击，也时有顶板冲击、底板冲击和岩爆；三是破坏性，往往造成煤壁片帮、顶板下沉和底鼓，冲击地压可简单地看作承受高应力的煤岩体突然破坏的现象。

（二）防治措施

　　由于冲击地压问题的复杂性和我国煤矿生产地质条件的多样性，增加了冲击地压防治工作的困难。

　　（1）采用合理的开拓布置和开采方式。

　　（2）开采保护层。

　　（3）煤层预注水。

　　（4）厚层坚硬顶板的预处理：顶板注水软化和爆破断顶。

二、矿井热灾害的防治

（一）矿井热源分类

　　（1）地表大气。

　　（2）流体自压缩。

　　（3）围岩散热。

　　（4）运输中煤炭及矸石的散热。

　　（5）机电设备散热。

　　（6）自燃氧化物散热。

　　（7）热水。

　　（8）人员散热。

（二）矿内热环境对人的影响

　　（1）影响健康。①热击：即热激，热休克，是指短时间内的高温处理。②热痉挛。③热衰弱。

　　（2）影响劳动效率。使人极易产生疲劳，劳动效率下降。

　　（3）影响安全。

（三）矿井热灾害防治措施

　　井下采、掘工作面和机电硐室的空气温度，均应符合《煤矿安全规程》的规定。为了使井下温度符合安全要求，通常采用下列方式来达到降温目的。

1. 通风降温方法

（1）合理的通风系统。

（2）改善通风条件。

（3）调节热巷道通风。

（4）其他通风降温措施。

2. 矿内冰冷降温

矿井降温系统一般分为冰冷降温系统和空调制冷降温系统，其中，空调制冷降温系统为冷却水系统。

3. 矿井空调技术的应用

矿井空调技术就是应用各种空气热湿处理手段，调节和改善井下作业地点的气候条件，使之达到规定标准要求。

第十节　井下安全避险"六大系统"

根据《国务院关于进一步加强企业安全生产工作的通知》，煤矿企业建立煤矿井下监测监控、人员定位、紧急避险、压风自救、供水施救和通讯联络等安全避险系统（以下简称安全避险"六大系统"），全面提升煤矿安全保障能力。

一、矿井监测监控系统及用途

1. 矿井监测监控系统

矿井监测监控系统是用来监测甲烷浓度、一氧化碳浓度、二氧化碳浓度、氧气浓度、硫化氢浓度、矿尘浓度、风速、风压、湿度、温度、馈电状态、风门状态、风筒状态、局部通风机开停、主要风机开停等，并实现甲烷超限声光报警、断电和甲烷风电闭锁控制等功能的系统。

2. 矿井监测监控系统的用途

（1）矿井监测监控系统可实现煤矿安全监控、瓦斯抽采、煤与瓦斯突出、人员定位、轨道运输、胶带运输、供电、排水、火灾、压力、视频场景、产量计量等各类煤矿监测监控系统的远程、实时、多级联网，煤矿应急指挥调度，煤矿综合监管，煤矿自我远程监管，煤炭行业信息共享等功能。

（2）矿井监测监控系统中心站实行 24 h 值班制度，当系统发出报警、断电、馈电异常信息时，能够迅速采取断电、撤人、停工等应急处置措施，充分发挥其安全避险的预警作用。

二、井下人员定位系统及用途

1. 井下人员定位系统

井下人员定位系统是用系统标识卡，可由个人携带，也可放置在车辆或仪器设备上，将它们所处的位置和最新记录信息传输给主控室。

2. 井下人员定位系统的用途

（1）人员定位系统要求定位数据实时传输到调度中心，及时了解井下人员分布情况，方便指挥调度。可对人员和机车的运动轨迹进行跟踪回放，掌握其详细工作路线和时间，在进行救援或事故分析时可提供有效的线索或证明。

（2）所有入井人员必须携带识别卡（或具备定位功能的无线通信设备），确保能够实时掌握井下各个作业区域人员的动态分布及变化情况。建立健全制度，发挥人员定位系统在定员管理和应急救援中的作用。

三、井下紧急避险系统及用途

1. 井下紧急避险系统

井下紧急避险系统是为煤矿生产存在的火灾、爆炸、地下水、有害气体等危险而采取的措施和避险逃生系统。有以下几种：

（1）个人灾害防护装置和设施，使用自救器进行避灾避险。

（2）矿井灾害防护装置和设施，使用避难硐室进行避灾避险。

（3）矿井灾害救生逃生装置和设施，使用井下救生舱进行避灾避险。

2. 井下紧急避险系统用途

（1）紧急避险系统要求入井人员配备额定防护时间不低于 30 min 的自救器。煤与瓦斯突出矿井应建立采区避难硐室，突出煤层的掘进巷道长度及采煤工作面走向长度超过 500 m 时，必须在距离工作面 500 m 范围内建设避难硐室或设置救生舱。

（2）紧急避险系统要求矿用救生舱、避难硐室对外抵御爆炸冲击、高温烟气、冒顶塌陷、隔绝有毒气体，对内为避难矿工提供氧气、食物、水，去除有毒有害气体，为事故突发时矿工避险提供最大可能的生存时间。同时舱内配备有无线通讯设备，引导外界救援。

四、矿井压风自救系统及用途

1. 矿井压风自救系统

当煤与瓦斯突出或有突出预兆时，工作人员可就近进入自救装置内避险，当煤矿井下发生瓦斯浓度超标或超标征兆时，扳动开闭阀体的手把，要求气路通畅，功能装置迅速完成泄水、过滤、减压和消音等动作后，此时防护套内充满新鲜空气供避灾人员救生呼吸。

2. 矿井压风自救系统用途

安装自救装置的个数不得少于井下全员的 1/3。空气压缩机应设置在地面；深部多水平开采的矿井，空气压缩机安装在地面难以保证对井下作业点有效供风时，可在其供风水平以上两个水平的进风井井底车场安全可靠的位置安装，但不得使用滑片式空气压缩机。

五、矿井供水施救系统及用途

1. 矿井供水施救系统

矿井供水施救系统是所有矿井在避灾路线上都要敷设供水管路，在矿井发生事故时井下人员能从供水施救系统上得到水及地面输送下来的营养液。

2. 矿井供水施救系统用途

井下供水管路要设置三通和阀门，在所有采掘工作面和其他人员较集中的地点设置供水阀门，保证各采掘作业地点在灾变期间能够实现提供应急供水的要求。并要加强供水管理维护，不得出现跑、冒、滴、漏现象，保证阀门开关灵活，接入避难硐室和救生舱前的20 m供水管路要采取保护措施。

六、矿井通信联络系统及用途

1. 矿井通信联络系统

矿井通信联络系统是运用现代化通信、网络等系统在正常煤矿生产活动中指挥生产，灾害期间能够及时通知人员撤离以及实现与避险人员通话的通信联络系统。

2. 矿井通信系统用途

（1）通信联络系统以无线网络为延伸，在井下设立若干基站，将煤炭行业矿区通信建设成一套完整的集成通信、调度、监控。

（2）主副井绞车房、井底车场、运输调度室、采区变电所、水泵房等主要机电设备硐室和采掘工作面以及采区、水平最高点，应安设电话。

（3）井下避难硐室（救生舱）、井下主要水泵房、井下中央变电所和突出煤层采掘工作面、爆破时撤离人员集中地点等，必须设有直通矿调度室的电话。井下无线通信系统在发生险情时，要及时通知井下人员撤离。

复习思考题

1. 矿井开拓的方式有哪些？
2. 矿井主要生产系统有哪几种？
3. 井下安全设施作用有哪些？
4. 发生瓦斯爆炸如何避险？
5. 煤炭自燃如何预防？
6. 煤尘爆炸的条件有哪些？
7. 矿井水害的防治措施有哪些？
8. 顶板事故如何预防？
9. 如何防治冲击地压？
10. 什么是矿井通信联络系统？

第三章　煤矿防突工职业特殊性

第一节　煤矿生产特点及主要危害因素

一、煤矿生产特点

黑龙江省大多数煤矿井工开采，地质条件复杂，煤层厚度普遍较薄，地方私营煤矿比较多，并且机械化程度不高，现代管理手段相对落后，省企、央企煤矿已经进入深部开采，自然灾害影响日趋严重。煤矿作业的特点主要表现在以下几个方面：

（1）黑龙江省煤矿企业多数为井下作业，环境条件相对艰苦。省企煤矿井深平均在500 m 以上，个别煤矿井深度达到 1000 m 左右，地方煤矿井深平均也在 300 m 以上，劳动强度大，危险多。

（2）黑龙江省地质条件复杂，自然灾害威胁严重。黑龙江省煤层赋予条件差，构造多，致灾机理复杂，伴生的灾害事故时有发生。矿井瓦斯、煤与瓦斯突出、水、火、煤尘、破碎顶板、冲击地压、热害及有毒有害气体等威胁煤矿安全生产，甚至引发煤矿灾难性重大事故。

（3）黑龙江省煤矿生产工艺复杂。煤矿井下生产具有多工种、多环节、多层面、多系统、立体关系的交叉连续昼夜作业的特点，任何工作岗位、地点或环节出现问题，都可能酿成事故，甚至造成重大、特大事故。

（4）黑龙江省煤矿工人井下作业时间长，作业地点分散，路线远，劳动强度大。工人易疲惫、反应迟钝，注意力下降，情绪波动。作业环境受多种灾害影响，稍有疏忽极易发生意外。

（5）煤矿作业空间狭窄，活动受限，井下人员密集，一旦疏忽，出现事故，容易造成重大、特大事故和群死群伤事故。

（6）黑龙江省煤矿机械化程度低，安全技术装备水平相对落后，平均采煤机械化水平还不到 50% 。数量众多的小煤矿安全设备水平很低，防御灾害的能力差，存在安全隐患。

（7）黑龙江省煤矿从业人员结构复杂，综合素质不高，存在多种用工形式，流动性大，管理、培训问题多，一部分从业人员自我保护意识和能力差，违章作业现象时有发生，尤其是地方小煤矿，临时务工人员比例大，给煤矿管理和生产安全带来潜在隐患。

（8）职业危害特别是尘肺病危害严重。据不完全统计，全国煤矿尘肺病患者达 30 万人，占到全国尘肺病患者一半左右，每年因尘肺病造成直接经济损失有数十亿元，煤矿在职业病预防教育培训、职业健康管理及危害防治方面还远远没有达到国家要求。此外，其他风湿病、腰肌劳损等职业病在煤炭行业也普遍存在。

二、煤矿主要危害因素

1. 地质条件

黑龙江省煤矿中，地质构造复杂或极其复杂的煤矿约占 40%，根据调查，大中型煤矿平均井采深度比较深，采深大于 500 m 的煤矿占 30%；小煤矿平均采深 300 m，采深超过 300 m 的煤矿产量占 30%。

2. 瓦斯灾害

黑龙江省省企煤矿中，高瓦斯矿井占 15%，煤与瓦斯突出矿井占 20%。地方国有煤矿和乡镇煤矿中，高瓦斯和煤与瓦斯突出矿井占 10%。随着开采深度的增加，瓦斯涌出量的增大，高瓦斯和煤与瓦斯突出矿井的比例还会增加。

3. 水害

黑龙江省煤矿水文地质条件较为复杂。省企煤矿中，水文地质条件属于复杂或极复杂的矿井占 30%；私企和乡镇煤矿中，水文地质条件属于复杂或极复杂的矿井占 10%。黑龙江省煤矿水害普遍存在，大中型煤矿很多工作面受水害威胁。在个体小煤矿中，有突出危险的矿井也比较多，占总数的 5%。

4. 自然发火的危害

黑龙江省具有自然发火危险的煤矿所占比例大，覆盖面广。自然发火危险程度严重或较严重（Ⅰ、Ⅱ、Ⅲ、Ⅳ级）的煤矿占 70%。省企煤矿中，具有自然发火危险的矿井占 50%。由于煤层自燃，我国每年损失煤炭资源 0.2 Gt 左右。

5. 煤尘灾害

黑龙江省煤矿具有煤尘爆炸危险的矿井普遍存在，具有爆炸危险的矿井占煤矿总数的 60% 以上，煤尘爆炸指数在 45% 以上的煤矿占 15%。省企煤矿中具有煤尘爆炸危险性的煤矿占 85%，其中具有强爆炸性的占 60%。

6. 顶板危害

黑龙江省煤矿顶板条件差异较大。多数大中型煤矿顶板属于Ⅱ类（局部不平）、Ⅲ类（裂隙比较发育）。Ⅰ类（平整）顶板约占 11%，Ⅳ类、Ⅴ类（破碎、松软）顶板约占 5%，有顶板冒落危险。

7. 机电运输危害

黑龙江省煤矿供电系统、机电设备和运输线路覆盖所有作业地点，电压等级高，设备功率大，运输线路长，倾斜巷道多，运输设备种类复杂。易发生触电，机械、运输伤人，跑车等事故。

8. 冲击地压危害

我国是世界上除德国、波兰以外煤矿冲击地压危害最严重的国家之一。黑龙江省大中型煤矿随着开采深度越来越深，冲击地压发生的概率就越来越高，省企煤矿具有冲击地压危险的煤矿占20%，由于冲击地压发生时间短，没有预兆，难以预测和控制，危害极大。随着开采深度的增加，有冲击地压矿井的冲击频率和强度在不断增加，没有冲击地压矿井也将会逐渐显现冲击地压。

9. 热害

热害已成为黑龙江省矿井的新灾害。黑龙江省煤矿中有很多个矿井采掘工作面温度超过26 ℃，其中少数矿井采掘工作面温度超过30 ℃，最高达37 ℃。随着开采深度的增加，矿井热害日趋严重。

第二节　煤矿防突工岗位安全职责及
在防治灾害中的作用

煤矿防突工工作在生产第一线，是煤矿防治煤与瓦斯突出灾害的重要保障，他们掌握煤与瓦斯突出的发生和发展规律，具备井下作业安全知识，具有识灾、防灾、避灾的专门能力。煤矿防突工要严格按照《煤矿安全规程》和防突工的专业要求操作，及时发现事故隐患并报告和采取措施，可在很大程度上减少或避免煤矿灾害的发生。

一、煤矿防突工的岗位安全职责

（1）严格执行国家法律法规和相关规章制度，遵守劳动纪律，服从领导指挥。

（2）热爱本职工作，掌握区域内瓦斯、二氧化碳涌出的机理和规律变化，负责按规定对突出危险采掘工作面的防突参数测定、填写预测预报通知单并报送有关领导审批。

（3）认真坚持区域防突措施先行、局部防突措施补充的原则，对未采取区域综合防突措施的地点，严禁进行采掘活动，做到不掘突出头，不采突出面。

（4）在突出矿井和高瓦斯矿井，针对开采煤层的煤巷掘进或揭煤工作面，作业前必须采取安全防护措施，无措施不得作业。要测定煤层瓦斯压力、瓦斯含量及其他与突出危险性相关的参数，密切观察突出预兆。

（5）采掘作业时，严格执行防突措施的规定并有详细准确的记录。

（6）在施工防突措施前，负责向本区（队）从业人员贯彻，并严格组织实施，不得随意改变已批准的防突措施。

（7）负责按规定填写防突牌板和设置防突基点，并定期进行检查，发现问题及时纠正和督促改正。

（8）负责揭石门、水力冲孔、金属骨架、煤体注水钻孔、实施防突措施预测孔、措施孔、检验孔等施工的现场跟班指导和防突措施实施的督促检查，验收各种钻孔的施工质量。

（9）负责防突资料的收集、整理和分析，并及时反馈信息，填写台账、记录。把有关防突工作的所有资料上交存档。

（10）具备煤矿灾害防治及自救、互救与现场急救的相关知识，熟悉避灾路线，发生意外时能迅速采取紧急安全措施，防止事态扩大，保护好现场，同时向上级汇报。

（11）必须随身携带隔离式自救器，严格执行现场交接班制度和汇报制度，落实安全防护措施，做到按规定撤人。

（12）做好自主保安和互保联保，拒绝违章指挥和违章作业，发现现场隐患及时汇报处理。

（13）依法参加防突工的岗位安全培训，学习防突理论知识、突出发生的规律、区域和局部综合防突措施以及有关防突的规章制度等内容，做到定期复训，持证上岗。

二、煤矿防突工在防治灾害中的作用

（1）在瓦斯事故预防方面的作用。瓦斯爆炸是煤矿生产的主要灾害之一，煤矿一旦发生瓦斯爆炸，危害将十分严重。煤矿的防突工在工作中采用专用钻探工具，与瓦斯检查员密切配合，时刻观察瓦斯逸出情况，一旦发现瓦斯超限及时报告并采取相应措施，并有权停止工作面的工作，要求工作人员撤离。

（2）在煤与瓦斯突出防治方面的作用。煤矿防突工实测的瓦斯参数数据和指标，是确定工作面突出危险性、制定防突措施和管理措施的基本依据；做好防突预测（检验），执行防突措施，对防突效果进行检验，起到了防治煤与瓦斯突出、避免因突出造成重大损失的作用。

复习思考题

1. 黑龙江省煤矿生产的特点有哪些？
2. 黑龙江省煤矿主要危险因素有哪些？

第四章　煤矿职业病防治和自救、互救及现场急救

知识要点

☆ 煤矿职业病防治与管理

☆ 煤矿从业人员职业病预防的权利和义务

☆ 自救与互救

☆ 现场急救

第一节　煤矿职业病防治与管理

一、煤矿常见职业病

凡是在生产劳动过程中由职业危害因素引起的疾病都称为职业病。但是，目前所说的职业病只是国家明文规定列入职业病名单的疾病，称为法定职业病。尘肺病是我国煤炭行业主要的职业病，煤矿职工尘肺病总数居全国各行业之首。煤矿常见的职业病如下：

（1）硅肺是由于职业活动中长期吸入含游离二氧化硅 10% 以上的生产性粉尘（硅尘）而引起的以肺弥漫性纤维化为主的全身性疾病。

（2）煤矿职工尘肺病是由于在煤炭生产活动中长期吸入煤尘并在肺内滞留而引起的以肺组织弥漫性纤维化为主的全身性疾病。

（3）水泥尘肺病是由于在职业活动中长期吸入较高浓度的水泥粉尘而引起的一种尘肺病。

（4）一氧化碳中毒主要为急性中毒，是吸入较高浓度一氧化碳后引起的急性脑缺氧疾病，少数患者可有迟发的神经精神症状。

（5）二氧化碳中毒。低浓度时呼吸中枢兴奋，如浓度达到 3% 时，呼吸加深；高浓度时抑制呼吸中枢，如浓度达到 8% 时，呼吸困难，呼吸频率增加。短时间内吸入高浓度二氧化碳，主要是对呼吸中枢的毒性作用，可致死亡。

（6）二氧化硫中毒主要通过呼吸道吸入而发生中毒作用，以呼吸系统损害为主。

（7）硫化氢中毒。硫化氢是具有刺激性和窒息性的气体，主要为急性中毒，短期内吸入较大量硫化氢气体后引起的以中枢神经系统、呼吸系统为主的多脏器损害的全身性疾病。

（8）氮氧化物中毒主要为急性中毒，短期内吸入较大量氮氧化物气体，引起的以呼吸系统损害为主的全身性疾病。主要对肺组织产生强烈的腐蚀作用，可引起支气管和肺水肿，重度中毒者可发生窒息死亡。

（9）氨气中毒。氨为刺激性气体，低浓度对眼和上呼吸道黏膜有刺激作用。高浓度氨会引起支气管炎症及中毒性肺炎、肺水肿、皮肤和眼的灼伤。

（10）职业性噪声聋是在职业活动中长期接触高噪声而发生的一种进行性的听觉损伤。由功能性改变发展为器质性病变，即职业性噪声聋。

（11）煤矿井下工人滑囊炎是指煤矿井下工人在特殊的劳动条件下，致使滑囊急性外伤或长期摩擦、受压等机械因素所引起的无菌性炎症改变。

二、煤矿职业病防治

职业病是人为的疾病，其发生发展规律与人类的生产活动及职业病的防治工作的好坏直接相关，全面预防控制病因和发病条件，会有效地降低其发病率，甚至使其职业病消除。

煤矿作业场所职业病防治坚持"以人为本、预防为主、综合治理"的方针；煤矿职业病防治实行国家监察、地方监管、企业负责的制度，按照源头治理、科学防治、严格管理、依法监督的要求开展工作。职业病的控制包括：

1. 煤矿粉尘防治

应实施防降尘的"八字方针"，即"革、水、风、密、护、管、教、查"。

"革"即依靠科技进步，应用有利于职业病防治和保护从业人员健康的新工艺、新技术、新材料、新产品，坚决淘汰职业危害严重的生产工艺和作业方式，减少职业危害因素，这是最根本、最有效的防护途径。

"水"即大力实施湿式作业，增加抑尘剂，再结合适当的通风，大大降低粉尘的浓度，净化空气，降低温度，有效地改善作业环境，降低工作环境对身体的有害影响。

"风"即改善通风，保证足够的新鲜风流。

"密"即密闭、捕尘、抽尘，能有效防止粉尘飞扬和有毒有害物质漫散对人体的伤害。

"护"即搞好个体防护，是对技术防尘措施的必要补救；作业人员在生产环境中粉尘浓度较高时，正确佩戴符合国家职业卫生标准要求的防尘用品。

"管"是加强管理，建立相关制度，监督各项防尘设施的使用和控制效果。

"教"是加强宣传教育，包括定期对作业人员进行职业卫生培训。

"查"是做好职业健康检查，做到早发现病损、早调离粉尘作业岗位，加强对作业场所粉尘浓度检测及监督检查等。

2. 有毒有害气体防治

由于煤矿的特殊地质条件和生产工艺，煤矿有毒有害气体的种类是明确的，相应的控制方法和原则主要有：

（1）改善劳动环境。加强井下通风排毒措施，使作业环境中有毒有害气体浓度达到国家职业卫生要求。

（2）加强职业安全卫生知识培训教育。严格遵守安全操作规程，各项作业均应符合

《煤矿安全规程》规定。例如：使用煤矿许用炸药爆破；炮烟吹散后方可进入工作面作业；对二氧化碳高压区应采取超前抽放等。

（3）设置警示标识。例如：井下通风不良的区域或不通风的旧巷内，应设置明显的警示标识；在不通风的旧巷口要设栅栏，并挂上"禁止入内"的牌子，若要进入必须先行检查，确认对人体无伤害方可进入。

（4）做好个体防护。对于确因工作需要进入有可能存在高浓度有毒有害气体的环境中时，在确保良好通风的同时作业人员应佩戴相应的防护用品。

（5）加强检查检测。应用各种仪器或煤矿安全监测监控系统检测井下各种有毒有害气体的动态，定期委托有相应资质的职业卫生技术服务机构对矿井进行全面检测评价，找出重点区域或重点生产工艺，重点防控。

3. 煤矿噪声防治

（1）控制噪声源。一是选用低噪声设备或改革工艺过程、采取减振、隔振等措施；二是提高机器设备的装配质量，减少部件之间的摩擦和撞击以降低噪声。

（2）控制噪声的传播。采用吸声、隔声、消声材料和装置，阻断和屏蔽噪声的传播。

（3）加强个体防护。在作业现场噪声得不到有效控制的情况下，正确合理地佩戴防噪护具。

三、煤矿职业病管理

1. 建立职业危害防护用品制度

建立职业危害防护用品专项经费保障、采购、验收、管理、发放、使用和报废制度。应明确负责部门、岗位职责、管理要求、防护用品种类、发放标准、账目记录、使用要求等。

2. 建立职业危害防护用品台账

台账中应体现职业危害防护用品种类、进货数量、发出数量、库存量、验收记录、发放记录、报废记录、有关人员签字等。不得以货币或者其他物品替代按规定配备的劳动防护用品。

3. 使用的职业危害防护用品合格有效

必须采购符合国家标准或者行业标准的职业危害防护用品，不得使用超过使用期限的防护用品。所采购的职业危害防护用品应有产品合格证明和由具有安全生产检测检验资质的机构出具的检测检验合格证明。

4. 按标准配发职业危害防护用品

根据煤矿实际，按照国家或行业标准制定本单位职业危害防护用品配发标准，并应告知作业人员。在日常工作中应教育和督促接触较高浓度粉尘、较强噪声等职业危害因素的作业人员正确佩戴和使用防护用品。

5. 健康检查

煤矿企业要依法组织从业人员进行职业性健康体检，上岗前要掌握从业人员的身体情况，发现职业禁忌症者要告知其不适合从事此项工作。在岗期间对作业职工的检查内容要有针对性，并及时将检查结果告知职工，对检查的结果要进行总结评价，确诊的职业病要及时治疗。对接触职业危害因素的离岗职工，要进行离岗前的职业性健康检查，按照国家规定安置职业病病人。

第二节　煤矿从业人员职业病预防的权利和义务

一、从业人员职业病预防的权利

《职业病防治法》第三十九条规定，劳动者享有下列职业卫生保护权利：

（1）接受职业卫生教育、培训。

（2）获得职业健康检查、职业病诊疗、康复等职业病防治服务。

（3）了解工作场所产生或者可能产生的职业病危害因素、危害后果和应当采取的职业病防护措施。

（4）要求用人单位提供符合防治职业病要求的职业病防护设施和个人使用的职业病防护用品，改善工作条件。

（5）对违反职业病防治法律、法规以及危及生命健康的行为提出批评、检举和控告。

（6）拒绝违章指挥和强令进行没有职业病防护措施的作业。

（7）参与用人单位职业卫生工作的民主管理，对职业病防治工作提出意见和建议。

二、从业人员职业病预防的义务

《职业病防治法》第三十四条规定："劳动者应当学习和掌握相关的职业卫生知识，遵守职业病防治法律、法规、规章和操作规程，正确使用、维护职业病防护设备和个人使用的职业病防护用品，发现职业病危害事故隐患应当及时报告。"

这些都是煤矿从业人员应当履行的义务。从业人员必须提高认识、严格履行上述义务，否则用人单位有权对其进行批评教育。

第三节　自　救　与　互　救

在矿井发生灾害事故时，灾区人员在万分危急的情况下，依靠自己的智慧和力量，积极、科学地采取救灾、自救、互救措施，是最大限度减少损失的重要环节。

自救是指在矿井发生灾害事故时，在灾区或受灾害影响区域的人员进行避灾和保护自己。互救则是在有效地自救前提下，妥善地救护他人。自救和互救是减轻事故伤亡程度的有效措施。

一、及时报告

发生灾害事故后，现场人员应尽量了解或判断事故性质、地点、发生时间和灾害程度，尽快向矿调度汇报，并迅速向事故可能波及的区域发出警报。

二、积极抢救

灾害事故发生后，处于灾区以及受威胁区域的人员，应根据灾情和现场条件，在保证自身安全的前提下，采取有效的方法和措施，及时进行现场抢救，将事故消灭在初始阶段或控制在最小范围。

三、安全撤离

当受灾现场不具备事故抢救的条件，或抢救事故可能危及人员安全时，应按规定的避灾路线和当时的实际情况，以最快的速度尽量选择安全条件最好、距离最短的路线，迅速撤离危险区域。

四、妥善避灾

在灾害现场无法撤退或自救器有效工作时间内不能到达安全地点时，应迅速进入预先筑好的或就近快速建造的临时避难硐室，妥善避灾，等待矿山救护队的救援。

第四节 现 场 急 救

现场急救的关键在于"及时"。为了尽可能地减轻痛苦，防止伤情恶化，防止和减少并发症的发生，挽救伤者的生命，必须认真做好煤矿现场急救工作。

现场创伤急救包括人工呼吸、心脏复苏、止血、创伤包扎、骨折的临时固定、伤员搬运等。

一、现场创伤急救

（一）人工呼吸

人工呼吸适用于触电休克、溺水、有害气体中毒、窒息或外伤窒息等引起的呼吸停止、假死状态者、短时间内停止呼吸者，以上情况都能用人工呼吸方法进行抢救。人工呼吸前的准备工作如下：

（1）首先将伤者运送到安全、通风、顶板完好且无淋水的地方。

（2）将伤者平卧，解开领口，放松腰带，裸露前胸，并注意保持体温。

（3）腰前部要垫上软的衣服等物，使胸部张开。

（4）清除口中异物，把舌头拉出或压住，防止堵住喉咙，影响呼吸。

采用头后仰、抬颈法或用衣、鞋等物塞于肩部下方，疏通呼吸道。

1. 口对口吹气法（图4-1）

首先将伤者仰面平卧，头部尽量后仰，救护者在其头部一侧，一手掰开伤者的嘴，另一手捏紧其鼻孔；救护者深吸一口气，紧对伤者的口将气吹入，然后立即松开伤者的口鼻，并用一手压其胸部以帮助呼气。

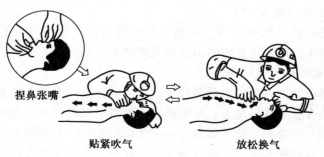

捏鼻张嘴   贴紧吹气   放松换气

图4-1　口对口吹气法

如此每分钟 14~16 次，有节律、均匀地反复进行，直到伤者恢复自主呼吸为止。

2. 仰卧压胸法（图4－2）

将伤者仰卧，头偏向一侧，肩背部垫高使头枕部略低，急救者跨跪在伤者两大腿外侧，两手拇指向内，其余四指向外伸开，平放在其胸部两侧乳头之下，借半身重力压伤者胸部挤出其肺内空气；接着使急救者身体后仰，除去压力，伤者胸部依靠弹性自然扩张，使空气吸入肺内。以上步骤按每分钟 16~20 次，有节律、均匀地反复进行，直至伤者恢复自主呼吸为主。

图4－2　仰卧压胸法

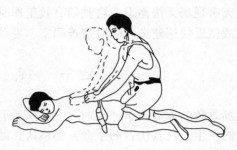

图4－3　俯卧压背法

3. 俯卧压背法（图4－3）

此操作方法与仰卧压胸法基本相同，仅是将伤者俯卧，救护者跨跪在其大腿两侧。此法比较适合对溺水急救。

4. 举臂压胸法（图4－4）

将伤者仰卧，肩胛下垫高、头转向一侧，上肢平放在身体两侧。救护者的两腿跪在伤者头前两侧，面对伤者全身，双手握住伤者两前臂近腕关节部位，把伤者手臂直过头放平，胸

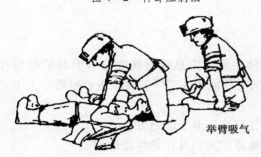

举臂吸气

图4－4　举臂压胸法

部被迫形成吸气;然后将伤者双手放回胸部下半部,使其肘关节屈曲成直角,稍用力向下压,使胸廓缩小形成呼气,依次有节律的反复进行。此法常用于小儿,不适合用于胸肋受伤者。

（二）心脏复苏

心脏复苏是抢救心跳骤停的有效方法，但必须正确而及时地作出心脏停跳的判断。心脏复苏主要有心前区叩击法和胸外心脏按压术两种方法。

1. 心前区叩击法（图4－5）

此法适用于心脏停搏在 90 s 内，使伤者头低脚高，救护者以左手掌置其心前区，右手握拳，在左手背上轻叩；注意叩击力度和观察效果。

2. 胸外心脏按压术（图4－6）

此法适用于各种原因造成的心跳骤停者，在心前区叩击术时，应立即采用胸外心脏按压术，将伤者仰卧在硬板或平地上，头稍低于心脏水平，解开上衣和腰带，脱掉胶鞋。救护者位于伤者左侧，手掌面与前臂垂直，一手掌面压在另一手掌面上，使双手重叠，置于伤者胸骨 1/3 处，以双肘和臂肩之力有节奏地、冲击式地向脊柱方向用力按压，使胸骨压下 3~4 cm。

图 4-5　心前区叩击法

图 4-6　胸外心脏按压术

按压后迅速抬手使胸骨复位，以利于心脏的舒张。以上步骤每分钟 60~80 次，有节律、均匀地反复进行，直至伤者恢复心脏自主跳动为止。此法应与口对口吹气法同时进行，一般每 4~5 次，口对口吹气 1 次。

（三）止血

针对出血的类别和特征，常用的暂时性止血方法有以下 5 种。

1. 加压包扎止血法（图 4-7）

图 4-7　加压包扎止血法

将干净毛巾或消毒纱布、布料等盖在伤口处，随后用布带适当加压包扎，进行止血。主要用于静脉出血的止血。

2. 指压止血法（图 4-8）

用手指、手掌或拳头将出血部位靠近心脏一端的动脉用力压住，以阻断血流。适用于头、面部及四肢的动脉出血。采用此法止血后，应尽快准备采用其他更有效的止血措施。

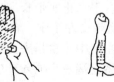

手指的止血压点及止血区域　手掌的止血压点及止血区域　前臂的止血压点及止血区域　肱骨动脉止血及止血区域

下肢骨动脉止血压点及止血区域　前头部止血压点及止血区域　后头部止血压点及止血区域　面部止血压点及止血区域

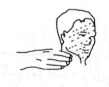

锁骨下动脉止血压点及止血区域　　颈动脉止血压点及止血区域

图 4-8　指压止血法

3. 加垫屈肢止血法（图 4 - 9）

当前臂和小腿动脉出血不能制止时，如果没有骨折或关节脱位，可采用加垫屈肢止血法。在肘窝处或膝窝处放上叠好的毛巾或布卷，然后屈肘关节或膝关节，再用绷带或宽布条等将前臂与上臂或小腿与大腿固定好。

  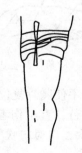

图 4 - 9　加垫屈肢止血法　　　　　　图 4 - 10　绞紧止血法

4. 绞紧止血法（图 4 - 10）

如果没有止血带，可用毛巾、三角巾或衣料等折叠成带状，在伤口上方给肢体加垫，然后用带子绕加垫肢体一周打结，用小木棒插入其中，先提起绞紧至伤口不出血，然后固定。

5. 止血带止血法（图 4 - 11）

（1）在伤口近心端上方先加垫。

（2）救护者左手拿止血带，上端留 5 寸，紧贴加垫处。

（3）右手拿止血带长端，拉紧环绕伤肢伤口近心端上方两周，然后将止血带交左手中、食指夹紧。

（4）左手中、食指夹止血带，顺着肢体下拉成下环。

（5）将上端一头插入环中拉紧固定。

（6）伤口在上肢应扎在上臂的上 1/3 处，伤口在下肢应扎在大腿的中下 1/3 处。

图 4 - 11　止血带止血法

（四）创伤包扎

创伤包扎具有保护伤口和创面减少感染、减轻伤者痛苦、固定敷料、夹板位置、止血和托扶伤体以及减少继发损伤的作用。包扎的方法如下：

1. 绷带包扎法（图 4 - 12、图 4 - 13）

（1）环形法。

（2）螺旋法。

（3）螺旋反折法。

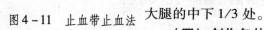
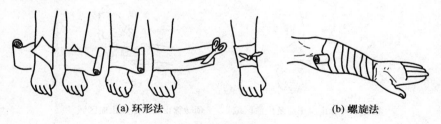

(a) 环形法　　　　　　　　　　　　(b) 螺旋法

图 4 - 12　绷带包扎法（一）

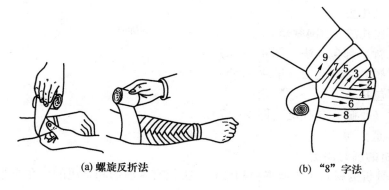

(a) 螺旋反折法   (b) "8" 字法

图 4 - 13 绷带包扎法 (二)

（4）"8" 字法。

2. 毛巾包扎法 （图 4 - 14 ~ 图 4 - 17）

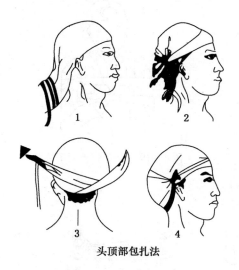

头顶部包扎法

肩部包扎法

图 4 - 14 毛巾包扎法 （一）   图 4 - 15 毛巾包扎法 （二）

(a) 胸(背)部包扎法   (b) 腹(臀)部包扎法

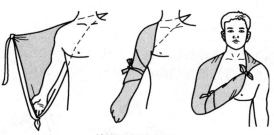

前臂(小腿)包扎法

图 4 - 16 毛巾包扎法 （三）   图 4 - 17 毛巾包扎法 （四）

（1）头部包扎法 （图 4 - 14）。

（2）面部包扎法。

（3）下颌包扎法。

（4）肩部包扎法（图 4 – 15）。

（5）胸（背）部包扎法（图 4 – 16a）。

（6）腹（臀）部包扎法（图 4 – 16b）。

（7）膝部包扎法。

（8）前臂（小腿）包扎法（图 4 – 17）。

（9）手（足）包扎法。

（五）骨折的临时固定

临时固定骨折的材料主要有夹板和敷料。夹板有木质的和金属的，在作业现场可就地取材，利用木板、木柱等制成。

（1）前臂及手部骨折固定方法（图 4 – 18）。

（2）上臂骨折固定方法（图 4 – 19）。

图 4 – 18　前臂及手部骨折固定方法　　　　图 4 – 19　上臂骨折固定方法

（3）大腿骨折临时固定方法（图 4 – 20a）。

（4）小腿骨折临时固定方法（图 4 – 20b）。

(a) 大腿骨折临时固定方法　　　　(b) 小腿骨折临时固定方法

图 4 – 20　腿部骨折临时固定法

（5）锁骨骨折临时固定方法（图 4 – 21a、图 4 – 21b）。

（6）肋骨骨折临时固定方法（图 4 – 21c）。

 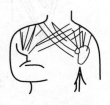

(a) 锁骨　　　　　　(b) 锁骨　　　　　　(c) 肋骨

图 4 – 21　锁骨、肋骨骨折临时固定方法

（六）伤员搬运

经过现场急救处理的伤者，需要搬运到医院进行救治和休养。

1. 担架搬运法

（1）抬运伤者方向，如图 4－22、图 4－23 所示。

担架向高处（上）和向低处（下）抬

图 4－22　抬运伤者时伤者头在后面　　　图 4－23　抬运担架时保持担架平稳

（2）对脊柱、颈椎及胸、腰椎损伤的伤者，应用硬板担架运送，如图 4－24 所示。

（3）对腹部损伤的伤者，搬运时应将其仰卧于担架上，膝下垫衣物，如图 4－25 所示，使腿屈曲，防止因腹压增高而加重腹痛。

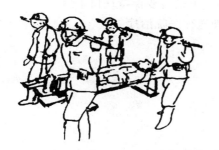 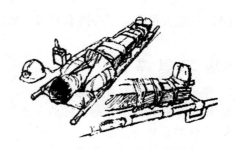

图 4－24　抬运脊柱、颈椎及胸、腰椎损伤的伤者　　图 4－25　腹部骨盆损伤的伤者应仰卧在担架上

2. 徒手搬运法

（1）单人徒手搬运法。

（2）双人徒手搬运法。

二、不同伤者的现场急救方法

1. 井下长期被困人员的现场急救

（1）禁止用灯光刺激照射眼睛。

（2）被困人员脱险后，体温、脉搏、呼吸、血压稍有好转后，方可送往医院。

（3）脱险后不能进硬食，且少吃多餐，恢复胃肠功能。

（4）在治疗初期要避免伤员过度兴奋，发生意外。

2. 冒顶埋压伤者的现场急救

被大矸石、支柱等重物压住或被煤矸石掩埋的伤者，由于受到长时间挤压会出现肾功能衰竭等症状，救出后进行必要的现场急救。

3. 有害气体中毒或窒息伤者的现场急救

（1）将中毒或窒息伤者抢运到新鲜风流处，如受有害气体威胁一定要带好自救器。

（2）对伤者进行卫生处理和保暖。

（3）对中毒或窒息伤者进行人工呼吸。

（4）二氧化硫和二氧化氮的中毒者只能进行人工呼吸。

（5）人工呼吸持续的时间以真正死亡为止。

4. 烧伤伤者的现场急救

煤矿井下的烧伤应采取灭、查、防、包、送。

图 4-26　控水

5. 溺水人员的现场急救（图 4-26）

煤矿井下的溺水应采取转送、检查、控水、人工呼吸。

6. 触电人员的现场急救

（1）立即切断电源或采取其他措施使触电者尽快脱离电源。

（2）伤者脱离电源后进行人工呼吸和胸外心脏按压。

（3）对遭受电击者要保持伤口干燥。

（4）触电人员恢复了心跳和呼吸，稳定后立即送往医院治疗。

复习思考题

1. 煤矿粉尘的控制方针是什么？

2. 煤矿从业人员职业病预防的义务有哪些？

3. 互救的目的是什么？

4. 在井下搬运颈椎受到损伤的伤员时，应注意哪些事项？

第五章 煤与瓦斯突出基本知识

知识要点

☆ 了解国内外煤与瓦斯突出概况，煤层瓦斯赋存基本情况，影响煤与瓦斯突出的地质因素，突出煤层基本特征，煤层瓦斯压力和含量，地质构造与突出的关系，瓦斯地质图的内容和作用

☆ 掌握煤与瓦斯突出的类型、规律及预兆

第一节 煤 矿 瓦 斯

一、突出概况

1834 年，法国依萨克矿发生了世界上第一次煤与瓦斯突出。到目前为止，世界上煤与瓦斯突出已有约 180 年的历史。国外有 20 多个国家发生过突出，突出总数达 3 万余次。1969 年 7 月 3 日，乌克兰顿巴斯加加林矿石门揭穿煤层发生了世界上突出强度最大的突出，强度为 14200 t。

我国是世界上煤与瓦斯突出灾害最严重的国家之一。到 2003 年底，国有重点煤矿中先后有 250 个矿井发生了 14300 多次煤与瓦斯突出，最近的一次特大型突出发生在黑龙江省龙煤股份有限公司鹤岗分公司新兴煤矿 15 号煤层探煤巷（垂深 394 m），突出煤岩 3548 t，突出瓦斯 166000 m^3，其中突出岩石 2148 t，占突出煤岩总量的 60.54%。

二、煤矿瓦斯

煤矿瓦斯是井下有害气体的总称，又称煤层瓦斯、煤层气，是从煤和围岩中逸出的甲烷、二氧化碳和氮等组成的混合气体。瓦斯是煤矿生产中的有害因素，它不仅污染空气，而且当空气中瓦斯含量为 5% ~16% 时，遇火会引起爆炸，造成事故。但瓦斯爆炸是可以预防的，瓦斯突出也是可以预防的，如经常测定巷道空气中的瓦斯浓度，测定瓦斯涌出量，并采取有效通风、严禁烟火、预先抽采、开采保护层等措施，可以保障煤矿生产的安全。

三、煤与瓦斯（二氧化碳）突出

所谓煤与瓦斯（二氧化碳）突出是指煤矿在采掘过程中，在地应力和瓦斯压力的共同作用下，破碎的煤、岩和瓦斯由煤体或岩体内突然向采掘空间抛出的异常动力现象。

第二节　煤层瓦斯赋存

一、煤层瓦斯的生成

煤层瓦斯是腐殖型有机物在成煤过程中生成的。煤的原始母质——腐殖质沉积以后，一般经历两个成气时期，从植物遗体到泥炭属于生物化学成气时期；在地层的高压高温作用下从褐煤到烟煤直到无烟煤属于煤化变质作用成气时期。瓦斯生成量的多少主要取决于原始母质的组成和煤化作用所处的阶段。

二、瓦斯在煤体内的赋存状态

煤中瓦斯的赋存状态一般有吸附状态和游离状态两种。吸附状态又可分为吸着状态和吸收状态。其中吸着状态是由于煤中的碳分子对瓦斯的碳氢分子有很大的吸引力，使大量的瓦斯分子被吸着于煤的微孔表面形成一个薄层。吸收状态是瓦斯分子在较高的压力作用下，能渗入煤体胶粒结构之中，与煤体紧密地结合在一起。游离状态也叫自由状态，即瓦斯以自由气体的状态存在于煤体的裂缝和孔隙之中。游离瓦斯能自游运动，并呈现出压力来。瓦斯含量的大小，主要决定于缝隙贮存空间的体积、瓦斯压力和温度。在煤层赋存的瓦斯量中，通常吸附瓦斯量占80%～90%，游离瓦斯量占10%～20%；在吸附瓦斯量中又以煤体表面吸着的瓦斯量占多数。

三、煤层瓦斯赋存的垂向分带

当煤层具有露头或在冲积层之下有含煤盆地时，在煤层内存在两个不同方向的气体运移，即煤层生成的瓦斯由深部向上运移；而地面空气、表土中的生物化学和化学反应生成的气体向煤层深部渗透扩散，从而使赋存在煤层内的瓦斯表现出垂向分带特征。煤层瓦斯的带状分布是煤层瓦斯含量及巷道瓦斯涌出量预测的基础，也是搞好瓦斯管理的依据。煤层瓦斯沿垂向一般可分为两个带：瓦斯风化带与甲烷带。

四、煤的孔隙特征

煤是一种多孔性固体。多孔性固体通常分为高分散性固体和发达孔隙系统固体，煤属于后者。煤的孔隙决定着煤吸附瓦斯的能力、煤的渗透性和强度性质。研究证实，煤中具有孔隙直径小至 0.5 nm、大至数百微米的不同数量级的孔隙系统。

1. 煤的孔隙分类

（1）宏观孔隙。宏观孔隙是指可用肉眼分辨的层理、节理、劈理及次生裂隙等形成的孔隙。肉眼的最高分辨率大致为 0.1 mm，宏观孔隙一般属于毫米级。

（2）显微孔隙。显微孔隙是指用光学显微镜和扫描电镜能分辨的孔隙。显微孔隙放大 300～10000 倍后可清晰地观察和测量，孔隙一般为微米级。

（3）分子孔隙。分子孔隙指煤的分子结构所构成的超微孔隙。孔隙的尺寸一般在 0.1 μm 以下。

2. 煤的孔隙率

煤的孔隙率指煤中孔隙体积占煤的总体积的百分比。

煤是多孔物质，煤面上呈现多个气泡，非突出煤结构致密，而突出煤则结构疏松、呈土状。

五、煤的瓦斯吸附性能

1. 煤对瓦斯的吸附

吸附是一种界面现象，是物理吸附、化学吸附和吸收的总称。而煤对瓦斯的吸附属于物理吸附，瓦斯聚积在煤孔隙的表面，即在瓦斯—煤界面处，瓦斯密度较其他地点高。物理吸附时，固体表面与气体之间无特殊的相互作用，吸附力即为范德华力，吸附量主要取决于压力、温度和表面积的大小。化学吸附时，在固体表面上固体分子与气体分子之间形成化学键，即在它们之间有电子传递。

2. 煤的吸附等温线

煤的吸附性通常用煤的吸附等温线表示。吸附等温线是指在某一固定温度下，煤的吸附瓦斯量随瓦斯压力变化的曲线。煤吸附瓦斯的普遍规律：随着瓦斯压力的升高，煤吸附的瓦斯量增大，但增长率逐渐变小；当瓦斯压力无限增大时，煤的吸附瓦斯量趋于某一极限值；当瓦斯压力一定时，煤变质程度越高，吸附瓦斯量越大。

3. 煤的瓦斯吸附饱和度

煤的瓦斯吸附饱和度是吸附瓦斯量与极限吸附瓦斯量之比。显然，曲线与吸附等温线具有完全相同的形式，随着瓦斯压力的增大，吸附饱和度增大，但增加速率逐渐减小。

4. 煤的吸附性与煤的变质程度

对于煤的吸附性与煤变质程度之间的关系，国内外进行过大量实验研究，提出过一些根据煤的可燃挥发分确定煤吸附常数的经验公式。但随着吸附实验数据的大量积累，越来越发现，煤的吸附性与煤的变质程度（挥发分）之间并不存在单值联系，但有一个总的趋势，即在相同瓦斯压力下，煤的吸附瓦斯量随煤的变质程度提高而增大。

5. 煤的吸附性与温度的关系

温度对煤的吸附能力有显著影响。在同一瓦斯压力下，温度越高，煤的吸附瓦斯量越小。

六、煤的瓦斯解吸性能

1. 吸附瓦斯解吸的条件

煤中的吸附瓦斯，经过漫长的地质年代，已与孔隙内处于压缩状态的瓦斯形成了稳定的平衡状态。当在井下掘进巷道或者进行钻孔施工时会使原来的应力平衡受到破坏，在工作面或钻孔周围形成应力集中，使煤的围岩产生细微裂隙和变弱，导致煤层渗透性发生变化，即瓦斯—煤基吸附体系由于影响吸附—解吸平衡的条件发生变化时，破坏了吸附平衡状态，吸附气体转化为游离态而脱离吸附体系，吸附—解吸动态平衡体系中吸附量减小。在煤矿开采和煤层气开发过程中，解吸作用主要通过压力降低来实现。绝大部分煤层瓦斯以物理吸附的形式赋存于煤的基质孔隙中，当煤储层压力降至临界解吸压力以下时，煤层瓦斯即开始解吸，由吸附态转化为游离态。

2. 影响煤的瓦斯解吸因素

（1）瓦斯压力。煤的原始瓦斯压力不但表征煤中瓦斯含量的大小，而且提供煤中瓦斯脱附所需动力。不同吸附平衡压力下，煤样的解吸规律不同，煤样的瓦斯解吸量与时间呈近似于抛物线的正相关性，在不同解吸时间内高压力曲线均位于低压力曲线的上方，各曲线的共同特点是随着时间的延长，解吸瓦斯量逐渐增加，解吸速度逐渐变小。初始时刻，瓦斯解吸速度很大，并且衰减快。不同平衡吸附压力下，解吸曲线不同，同一解吸时间区间内，吸附平衡压力越高，解吸瓦斯量越大。

（2）煤的破坏类型。在相同的吸附平衡压力下，强烈破坏煤向空气介质中卸压释放瓦斯的初速度以及在给定解吸时间内的累计解吸瓦斯量均大于轻度破坏煤。毫无疑问，煤的破坏类型差异对泥浆介质中煤的非等压解吸过程也会有相同的影响。

（3）煤的粒度。煤样粒度的大小首先会影响煤的总表面积，其次影响气体分子进入煤粒内部的孔隙。在采样地点和吸附平衡压力相同的条件下，粒度越小的煤样在相同时段内的瓦斯解吸总量越大。对相同煤质、相同破坏类型的煤样而言，粒度的大小反映解吸出来的路径长短和阻力大小。在其他解吸条件相同时，粒径越大，瓦斯从煤中解吸出来的阻力也就越大，单位时间的解吸瓦斯强度和在给定时间下的解吸瓦斯量就越小。

（4）煤的内在水分。煤对瓦斯的解吸能力随着水分含量的增加而降低，直到临界水分含量为止。水分作为阻止吸附与解吸瓦斯的因素之一，水分越大，煤中解吸或吸附瓦斯的强度会越小。虽然水分对瓦斯吸附和解吸有影响，但在用地勘解吸法实测煤层瓦斯含量时可以不予考虑，因为原始煤体中无论粒度大小和破坏类型，一旦取样地点相同，煤中内在水分含量是基本相等的，对解吸过程的阻力也是恒定的。

（5）温度的影响。在其他条件一定时，煤基质温度越高，瓦斯解吸速度和解吸量就越大。

第三节　煤与瓦斯突出的地质因素

一、影响突出的地质因素

煤与瓦斯突出，是煤矿井下采掘工作中瞬间产生的煤（岩）与瓦斯的特殊动力现象，瓦斯快速运移，在短时间内（在几分钟或几秒钟）产生强大的冲击力量，破坏采掘工作面，并伴有强烈的声响。

煤与瓦斯突出是地压、高压瓦斯和煤体结构性能三个因素综合作用的结果，是聚集在围岩和煤体中大量潜能的快速释放。控制煤与瓦斯突出的地质因素主要有突出煤系和突出煤层的基本特征、煤层瓦斯含量和瓦斯压力、地应力、煤体结构、地质构造类型。

二、突出煤系和突出煤层的基本特征

1. 突出煤系的特征

（1）突出煤系细碎屑岩和泥岩所占的比例较大，煤层顶、底板多为泥岩、细粉砂岩等岩层，透气性较差。非突出煤系中常有较厚的中粗粒砂岩层，煤层顶、底板透气性较好。

（2）突出煤系聚煤的地理环境多属滨海平原型，煤系类型多为海陆交替相含煤岩系，其岩性、岩相和煤层层位在横向上比较稳定，煤层常被石灰岩等致密岩层所覆盖。

（3）突出煤系一般比非突出煤系含煤层数多，煤层厚度大，含煤系数高。

（4）突出煤系往往水文地质条件简单，矿井涌水量小，矿井所揭露的巷道煤体一般比较干燥。非突出煤系往往地下水活跃，或在主采煤层附近有裂隙溶洞发育的强含水层存在。

2. 突出煤层的特征

（1）煤层厚度大。在煤层厚度较稳定的多煤层突出矿井，各煤层突出的危险程度决定于煤层厚度，一般煤层厚度越大，突出的危险程度越大。同一煤层中厚度大的块段比厚度小的块段突出的危险性大。

（2）煤层巷道变化大。多煤层矿井不同煤层比较，厚度变化大的煤层比相对稳定的煤层突出危险性大。

（3）在煤层厚度变化大的矿井中，透镜状煤包和被薄煤带所包围的厚煤地段，其突出的危险性大。

（4）煤层走向、倾角发生变化的部位，其突出危险性大。

（5）突出煤层顶底板为封闭型的，其顶板很少见砂岩，多为粉砂泥岩等。突出煤层其围岩透气性极低，是封闭型的，砂泥比值小于 $0.5 \sim 1$。一般砂泥比值大于 1 的部位不发生突出。

（6）突出均发生在以构造煤为主的煤层中，煤的破坏类型为 IV、III、II 类，煤体坚固性系数 $f < 0.5$。

（7）低透气性煤层容易突出。当煤层的透气性系数很大，瓦斯易从煤层中排除，使煤壁附近的瓦斯压力梯度降低，煤层空隙中的瓦斯压力也降低，难以达到破碎煤体所需的极限压力值，也就难以发生突出。反之，煤层孔隙中的瓦斯压力超过破碎煤体所需的极限压力值，这时瓦斯压力在煤孔隙中所形成的张力超过煤的抗拉强度，煤就会被瓦斯破碎而发生突出。

三、煤层瓦斯含量和瓦斯压力

1. 煤层瓦斯含量

煤层瓦斯含量是单位质量煤中所含的瓦斯体积，单位是 m^3/t 或 mL/g。在我国，由于煤层瓦斯含量测定方法的不同，瓦斯含量的内涵也不同，以间接法测定瓦斯含量时，瓦斯含量为吸附瓦斯含量和游离瓦斯含量之和，当以直接法测定时，煤层瓦斯含量则包含煤样解吸瓦斯含量、损失瓦斯含量和残存量三部分。

2. 煤层瓦斯压力

煤层瓦斯压力是指瓦斯在煤层中所呈现的气体压力，它是衡量煤层瓦斯含量大小的一个重要标志。一般来说，瓦斯压力越大，瓦斯含量越大。煤层中瓦斯压力随着埋藏深度的增加而增加。随着瓦斯压力的增加，煤与岩石中游离瓦斯量所占的比例增大，而煤中的吸附瓦斯逐渐趋于饱和。

大量突出事实表明，具有瓦斯突出的矿井都具有较好的瓦斯赋存条件。另外，瓦斯突出带也是瓦斯富集带，并且具有较高的压力。高压瓦斯的存在是突出的能量来源和基础条件，瓦斯含量高、压力大的煤层容易引起突出。如果瓦斯压力大而量不大，有可能造成喷出，而不突出。如果瓦斯量大而压力不大，则只能造成涌出，只是涌出量较大而已。因此，煤层瓦斯含量和压力是决定瓦斯突出的重要因素。

突出压力是指突出点在突出前的瓦斯压力，根据《防治煤与瓦斯突出规定》，瓦斯压力大于或等于 0.74 MPa 时，才有发生突出的可能。

四、地应力

地应力一般被理解为采掘前方某一点所受各种自然应力的总和。地应力包括地层重力、采矿应力和构造应力。

地应力的主要作用有三方面：一是使瓦斯压力增加，形成高压瓦斯源；二是使煤体产生位移和突然破碎，煤由静态变为动态；三是影响煤体内部结构，特别是煤的吸附性与透气性，控制瓦斯的贮存和运移。因此，地应力是产生突出的重要原因之一，它往往起发动突出的作用。

1. 地层重力

地层重力指地层铅直向下的力。通常每百米厚的岩层约使每平方厘米面积增加 25 kg 重力。地层重力作用于瓦斯体，可使瓦斯压力增加，并起一定的封闭作用。

地层重力随埋藏深度的加大而增加，突出煤层也随开采深度的加大而增加突出的次数和强度，显然重力作用促进着突出的发生。

2. 采矿应力

由采掘活动所产生的矿山压力形成采矿应力。采掘活动造成新的空间，其原来的煤岩体所承受的地层重力由平均分配改为由四周岩石承担，其压力比原来增加 2～3 倍，甚至 6 倍，这就改变了原来的地应力分布状态。原来岩石的应力平衡遭到破坏，导致采掘前方应力集中，从而对突出起着诱导作用。

掘进巷道突出后的瓦斯空间往往分布在上隅角，巷道相向对掘时，突出的危险性更大。回采工作面的绝大多数突出发生在落煤过程中，特别是在爆破的瞬间。

3. 构造应力

地质构造应力作用对于煤与瓦斯突出的影响极为明显的。褶曲的轴部、转折端与断层的交会点、煤层产状骤然变化处，断层破碎带等地点都是突出点的密集地区，也是大型突出最易发生的地段。

大量资料说明，瓦斯突出区、突出带多出现在地质构造应力集中的区域，应力集中表现在：

（1）具有较强烈的压性或压扭性构造，有的表现为强烈的层间滑动或层间褶皱。
（2）由后期改造形成的明显的煤厚变化。
（3）由后期改造引起的明显的煤层结构的破坏。
（4）突出地点至今还存在着当初变形的应力场，或者说现今构造应力在起作用。

五、煤体结构

煤体结构与发生突出的关系很大，因为煤体和煤的强度性质（抵抗破坏的能力）、瓦斯解吸和放散能力、透气性能等，都对突出的发生与发展起着重要作用。一般来说，煤质越硬，裂隙越小，所需的破坏力越大，要求的地应力和瓦斯压力越高。因此，在地应力和瓦斯压力为一定值时，软煤层更易被破坏，突出往往只沿软煤层发展。尽管在软煤层中，裂隙丛生，但裂隙的连通性差，因而煤体透气性差，易于在软煤层引起大的瓦斯压力梯度，又促使了突出的发生。同时，根据断裂力学的观点，煤层中薄弱地点（如裂隙交汇处、裂隙端部等）最易引起应力集中，所以煤体的破坏将从这里开始，而后再向整个软煤层发展。

在成煤过程和历次地质构造运动中，造成了煤体结构沿煤层走向和倾斜方向的不均质性，这种不均质性，不但给工作面附近煤体应力状态突然变化创造了有利条件，并且还影响着突出的发展速度和突出空洞的形状及尺寸。

六、地质构造与突出的关系

影响煤与瓦斯突出的因素非常多，也非常复杂，既包括各种地质因素，也包括各种非地质因素。就地质因素来讲，主要包括：煤层或煤质的地质构造条件及煤体结构特性；煤中瓦斯参数以及矿区或煤层所处的地应力。在上述诸因素中，地质构造因素是影响煤与瓦斯突出的地质背景。

地质构造包括断层及褶皱等构造变形，且都是在成煤后受后期构造作用形成的。断层及褶皱不仅使矿区范围的突出具有分区性质，且突出危险程度也有明显的区别。

第四节　煤与瓦斯突出的分类、规律及预兆

一、煤与瓦斯突出分类

（一）按瓦斯动力现象的力学特征分类

在《煤与瓦斯突出矿井鉴定规范》中，根据突出现象的力学（能源）特征的不同，将煤与瓦斯突出现象分为煤与瓦斯突然喷出（简称突出）、煤的压出伴随瓦斯涌出（简称压出）和煤的倾出伴随瓦斯涌出（简称倾出）三种类型，各类型基本特征如下：

1. 突出的基本特征

（1）突出的煤向外抛出距离较远，具有分选现象。

（2）抛出的煤堆积角小于煤的自然安息角。

（3）抛出的煤破碎程度较高，含有大量碎煤和一定数量手捻无粒感的煤粉。

（4）有明显的动力效应，破坏支架，推倒矿车，损坏和抛出安装在巷道内的设施。

（5）有大量的瓦斯涌出，瓦斯涌出量远远超过突出煤的瓦斯含量，有时会使风流逆转。

（6）突出孔洞呈口小腔大的梨形、舌形、倒瓶形、分岔形以及其他形状。

2. 压出的基本特征

（1）压出有两种形式，即煤的整体位移和煤有一定距离的抛出，但位移和抛出的距离都较小。

（2）压出后，在煤层与顶板之间的裂隙中常留有细煤粉，整体位移的煤体上有大量的裂隙。

（3）压出的煤呈块状，无分选现象。

（4）巷道瓦斯涌出量增大。

（5）压出可能无孔洞或呈口大腔小的楔形、半圆形孔洞。

3. 倾出的基本特征

（1）倾出的煤就地按自然安息角堆积，无分选现象。

（2）倾出的孔洞多为口大腔小，孔洞轴线沿煤层倾斜或铅垂（厚煤层）方向发展。

（3）无明显动力效应。

（4）倾出常发生在煤质松软的急倾斜煤层中。

（5）巷道瓦斯涌出量明显增加。

（二）按突出强度分类

突出强度是指每次突出（动力）现象抛出的煤（岩）量（以 t 或 m^3 为单位）和瓦斯量（以 m^3 为单位）。目前分类的主要依据是抛出的煤（岩）质量，可分为小型、中型、次大型、大型、特大型突出。

（1）小型突出的突出强度小于 50 t；突出后，经过数十分钟的瓦斯排放，瓦斯浓度可恢复正常。

（2）中型突出的突出强度为 50～99 t；突出后，经过一个工作班以上的瓦斯排放，瓦斯浓度可逐步恢复正常。

（3）次大型突出的突出强度为 100～499 t；突出后，经过 1 d 以上的瓦斯排放，瓦斯浓度可逐步恢复正常。

（4）大型突出的突出强度为 500～999 t；突出后，经过数天的瓦斯排放，回风系统瓦斯浓度可逐步恢复正常。

（5）特大型突出的突出强度不小于 1000 t；突出后，需要经过长时间瓦斯排放，回风系统瓦斯浓度才能恢复正常。

（三）按突出危险程度分类

根据《防治煤与瓦斯突出规定》的相关要求，可将突出危险程度划分如下：

1. 突出煤层

在矿井井田范围内发生过突出的煤层或者经鉴定有突出危险性的煤层。

2. 突出矿井

在矿井的开拓、生产范围内有突出煤层的矿井。

3. 突出危险区和无突出危险区

突出矿井应当对突出煤层进行区域突出危险性预测，区域预测分为新水平、新采区开拓前的区域预测（开拓前区域预测）和新采区开拓完成后的区域预测（开拓后区域预测）。突出煤层经区域预测后可划分为突出危险区和无突出危险区。未进行区域预测的区域视为突出危险区。

4. 突出危险工作面和无突出危险工作面

位于突出危险区内的工作面为突出危险工作面，必须采取区域性瓦斯治理措施，并经论证区域性措施有效后才能进入采掘工作程序；在工作面采掘过程中，经工作面预测为有突出危险的工作面也是突出危险工作面，这时需采取局部综合防突措施，并经措施论证有效后方可转化为无突出危险工作面。位于无突出危险区的工作面或由突出危险工作面转化而来的工作面为无突出危险工作面，无突出危险工作面需在安全防护措施保护的条件下进行采掘工作。

二、煤与瓦斯突出的一般规律

1. 突出点的区域性分布与地质构造

煤与瓦斯突出多数发生在构造破坏带，有的在地质条件简单地点也发生突出，同一矿井、同一煤层在不同地点的突出危险性也是不同的。一般来说，突出危险区呈带状分布，而且地质构造具有带状分布的特征。其中发生突出的区域有向斜轴部地区，向斜构造中局部隆起地区，向斜轴部与断层或褶曲交汇地区，火成岩侵入形成变质煤与非变质煤交混或邻近地区，煤层扭转地区，煤层倾角骤变、走向拐弯、变厚，特别是软分层变厚地区，压性、压扭性断层地带，煤层构造分岔，顶、底板阶梯状凸起地区等。

在采掘形成的应力集中地带，比如邻近层留有煤柱、相向采掘的两个工作面互相接近、巷道开口或两巷贯通之前在采煤工作面的集中应力带内掘进上山等，其突出危险性倍增，突出次数频繁而且强度也大。

另外，发生特大型突出的煤层几乎都有厚度不等的软分层存在，或是煤层本身就比较松软，破坏类型较高。尤其是软分层结构分散，多呈粒状或粉末状，易于破碎。在地质构造变化带，往往形成强烈的揉皱煤，层理和节理遭到破坏，易发生煤与瓦斯突出。

2. 突出危险性随采深的增加而增大

对同一矿区的同一煤层，随着开采深度的增加，其地应力和瓦斯压力也相应增大，其突出危险性也相应增加。矿井或煤层中有一个开始发生突出的深度，当开采深度小于该深度时不会发生突出，而当大于该深度时就有发生突出的危险，该深度称为始突深度，一般它比瓦斯风化带的深度大一倍以上。

随着深度的增加，突出的次数将增多，突出的强度增大，突出煤层数增加，突出危险区域也会扩大。

3. 突出危险煤层的厚度

突出的次数和强度随着煤层厚度特别是软分层厚度的增加而增加，厚煤层或相互接近的煤层群的突出危险性比单一薄煤层大。另外，对于同一煤层，当其厚度由薄变厚时，突出危险性有增大趋势。

4. 突出危险与巷道类型

突出主要发生在巷道掘进工作面、采煤工作面等井下最前方的作业区，而极少发生在采空区、已建成的巷道或已采区域内的掘进中。在各类巷道中，虽然石门揭煤突出发生的总次数不多，但其发生的强度最大，绝大多数特大型突出发生在石门揭开煤层时。采煤工作面发生的突出大部分是煤的突然压出。

5. 突出危险与采掘工艺

采掘工作往往可激发突出，特别是落煤与松动作业不仅可引起应力状态的变化，而且可使动载荷作用在新暴露煤体上造成煤的突然破碎。全国一半以上的突出发生在爆破时，并且平均突出强度最大，高达百余吨。风镐落煤时的突出次数虽然不多，但强度较大。近年来随着机械化采煤的发展，采煤工作面机组采煤时的突出次数有很大增加，已超过风镐落煤时的突出次数。另外，支护、打钻和手镐落煤作业也可能造成煤与瓦斯突出，还有部分突出是发生在无作业的情况下。

6. 突出的延期性

瓦斯突出有时有延期性，是指相隔一段时间后才发生突出的现象，其延期时间可达几分钟到几小时不等。

三、煤与瓦斯突出的预兆

煤与瓦斯突出前，一般都有预兆，掌握突出前的预兆，就可以及时采取预防措施，迅速撤离危险区，减少突出危害，确保人身安全。

煤与瓦斯突出的预兆分为有声预兆和无声预兆：

1. 有声预兆

（1）响煤炮。有噼噼啪啪声、鞭炮声、机关枪连射声、闷雷声、嘈杂声、沙沙声、嗡嗡声以及气体穿过含水裂缝时的吱吱声等。声音由远到近，由小到大；有短暂的，有连续的，间隔时间长短也不一样，在突出一瞬间伴有巨雷般的响声。

（2）支架发出折裂声。发生突出前，因压力突然增大，支架会出现嘎嘎响、劈裂折断声。

2. 无声预兆

（1）煤层结构与构造变化。煤层层理紊乱，煤质变软，暗淡无光泽；煤层干燥和煤尘增大；煤层受挤压褶曲变粉碎；厚度变大，倾角变陡；煤层受挤压褶曲、波状隆起。

（2）地压显现。压力增大使支架变形，煤壁外鼓、片帮、掉碴；顶底板出现凸起台阶、断层、波状鼓起；手扶煤壁感到松动和冲击；炮眼变形装不进药，打眼时垮孔、顶钻夹钻等。

（3）瓦斯异常涌出。瓦斯涌出量增大，忽大忽小；煤尘浓度增大，空气气味异常、闷人。

（4）气温变化。一般是巷道气温下降，煤壁发冷，也有少数实例发现煤壁温度升高。

第五节　瓦 斯 地 质 图

瓦斯地质图是煤矿安全生产的重要图件，用来汇集瓦斯地质信息，揭示瓦斯地质规律，进行瓦斯涌出量、煤与瓦斯突出危险性、瓦斯含量预测和瓦斯（煤层气）资源量评价，同时可以最大限度地集中瓦斯地质信息，揭示瓦斯地质规律，表达瓦斯预测结果和治理方法，辅助矿井通风安全管理、瓦斯治理、矿井规划、生产计划、指挥决策，最大限度地群力群策防治瓦斯灾害和利用瓦斯资源。

瓦斯是地质作用的产物，瓦斯的赋存和分布必然受到地质因素的制约。瓦斯地质图不仅要表示瓦斯方面的内容，还应反映与瓦斯赋存和突出分布有关的地质条件。编图工作就是对瓦斯资料和地质资料进行系统整理、综合分析，把二者有机地结合在一起的过程，也是逐步认识瓦斯地质规律的一个环节。

一、瓦斯地质图的种类和主要内容

瓦斯地质图一般是在各种煤矿地质图的基础上编制的。从形式上看，有瓦斯地质柱状图、瓦斯地质剖面图和瓦斯地质平面图等多种类型。从内容上看，有反映单项瓦斯参数和地质因素关系的图纸，也有把瓦斯和相关地质因素综合叠加在一起的图件。从范围大小看，小至采煤工作面、采区到某一矿井、矿区，大至分省、全国均可编制。不同种类、不同内容、不同范围的瓦斯地质图件，选用的比例尺和反映问题的深度、广度、精度也有差别。

1. 瓦斯地质柱状图

这种图件是在煤系综合柱状图或地层柱状图的基础上叠加瓦斯内容编制而成。可以反映某一块段、某一井田或矿区的煤系地质概况，主要内容除一般地质内容外，还应说明煤系地层的透气性和煤层的瓦斯特征。

2. 瓦斯地质剖面图

它是以地质剖面图为基础，叠加上瓦斯内容后编制的。按剖切范围的大小，还可以做进一步划分。其中突出点剖面图是反映突出点局部范围的具体特征的图件。矿井、矿区瓦斯地质剖面图是反映沿某一方向剖面线上瓦斯地质特征的图件，该图应尽量反映剖面线及邻近部位的瓦斯资料，如大型突出点位置、突出带范围等，并附以剖面线上瓦斯参数的变化曲线。

3. 瓦斯地质平面图

这种图件的范围可以是一个井田、一个矿区或更大、更小的区域。

（1）矿井瓦斯地质图一般选用矿井可采煤层底板等高线图作为编制底图，比例尺选用1：2000～1：5000。对于开采多煤层的矿井，要分煤层编制。对开采急倾斜煤层的矿井，则以煤层立面投影图为底图。无论是平面图还是立面图，均应表示瓦斯、地质两方面的内容。

瓦斯方面的内容包括：各种瓦斯参数的实际材料点、各种瓦斯等值线、各项瓦斯参数在井田范围内的分区带线或瓦斯地质单元的界线。

地质方面的内容包括：煤层围岩的岩性特征，煤、岩层产状及变化，井田地质构造，煤层厚度及其变化，煤质和煤体结构等。它们可分别采用等高线、等厚线、等深线、等值线表示，也可以把各种实际材料转换成地质指标，在图纸上用各种地质指标等值线或分区分带线等来表示。比如用变形系数来反映褶皱的强弱，用煤厚变异系数来表示厚度变化的大小等。任何一项地质条件在图纸上可以有几种不同的表示方法。

对矿井的各种地质条件，除应表示实际材料或分析整理的各种地质指标外，还要在图上根据各项地质因素在分布上的差异进行块段的划分，如岩性分区、煤厚分区、煤质分区、构造分区等。上述各项与瓦斯含量和突出分布有关的地质条件的区划特征和瓦斯参数区划叠加吻合的块段，反映出二者的相关关系，为划分瓦斯地质单元提供了依据。

（2）矿区瓦斯地质图一般以矿区主采煤层底板等高线为底图，比例尺选用1：10000～1：50000，其主要内容与矿井瓦斯地质图相似，但因其范围较大，还有一些不同的要求，如矿区各个矿井按不同瓦斯等级分别进行区划；对基建矿井或开发的井田，要进行瓦斯等级和突出危险性的预测；若不同井田变质程度有差别，应按煤质牌号或高、中、低变质带来圈定范围；可以适当削减一部分地质因素，增大等值线的差异等。

矿区和矿井瓦斯地质平面图必须有相应比例尺的瓦斯地质剖面图、瓦斯地质综合柱状图与其配套。

二、瓦斯地质图的作用

（1）利用瓦斯地质图进行区域和工作面突出危险性预测。根据瓦斯、地质诸因素分析，加上实测的瓦斯参数，可直接进行某一区域或某一工作面的突出危险性预测，确定某区域或某工作面突出管理等级。

（2）利用瓦斯地质图进行瓦斯地质综合分析，并且对某区域或某一工作面进行突出危险带预测。经过预测划分突出危险带和无突出危险带，从而解放一些区域，可以按无突出危险工作面进行管理。

（3）瓦斯地质图为制定防突技术措施提供可靠的依据。

【案例一】煤巷掘进作业突出

1. 事故经过

1983 年 7 月 18 日，某矿建设区建一队在二水平 – 110 m 标高南 14 号断层下盘 18 号煤层平巷掘进工作面施工时发生突出，共涌出瓦斯 11830 m³，喷出煤量 627 t。巷道工程于 1982 年 10 月开工，此巷道准备穿过南 14 号断层到上盘作为开采 11 号煤层的总机道。由轨道下山做车场 110 m 后，掘凿总机道，开门后顶板遇见 18 号煤层，穿煤 125 m，其中有 50 m 是半煤岩，其余全部是煤巷。煤层走向为 N10°E，煤层倾角为 20°，煤厚 20 m，巷道位于煤层中间。煤层顶板为砂岩，底板为砂页岩。上部煤层为 15 号层，层间距为 8 ~ 10 m。本层煤属于中硬煤层，工作面支护采取锚喷跟迎头，突出前空顶 1 m，巷道净断面 12.1 m²。按设计在 18 号层煤穿煤 60 m 见南 14 号断层，断层落差为 40 ~ 50 m。突出后，轨道下山风流中瓦斯浓度为 8.5%，风量为 420 m³/min，工作面至车场处瓦斯浓度达到 10% 以上（当时未携带高浓度瓦斯检定器），没有测到最大瓦斯涌出浓度。

2. 原因分析

（1）工作面支护空顶 1 m，地质构造破坏带支护强度不够。

（2）发生突出的地点有 1 条断层，落差在 40 ~ 50 m 之间，地质构造使掘进工作面前方积聚较大的构造应力。

（3）地质构造附近的煤层受构造破坏后，孔隙裂隙增加，利于瓦斯积聚。

3. 防范措施

（1）严格落实"四位一体"综合防突措施，措施不到位不得进行采掘活动，要健全防突机制，完善防突制度。

（2）加强地质预测预报工作。

（3）加强煤矿瓦斯治理工作，加强瓦斯抽采抽放。

（4）增大排放孔的排放半径，特别是在地质构造部位，必须实施有效的抽采措施。

【案例二】采煤工作面突出

1. 事故经过

某矿一井 0504 采区有一走向长度为 32 m 的区段，小断层非常发育，底板呈现阶梯状凸起，煤厚变化剧烈。回采时发生压出 7 次，总压出煤量 2137 t，占该区段煤储量的 50%。第一次掘钻场发生压出 60 t 煤；第二次压出发生在风镐采煤时，压出粉煤 412 t，岩石 30 m³，工作面三排支柱全部被推倒，压出后基本顶悬顶未落；第三次爆破压出 766 t煤；第四次风镐采煤压出 10 t 煤；第五次爆破压出 25 t 煤；第六次爆破压出 90 t 煤；第七次压出发生在松动爆破后 5 min 时，压出煤量 774 t。

2. 原因分析

（1）风镐采煤时，煤壁颤动发生突出，松动爆破诱导突出。

（2）断层非常发育，煤层薄厚变化剧烈。

（3）突出危险性预测、防突措施、效果检验、安全防护措施不到位。

3. 防范措施

（1）加强矿井地质测量工作，掌握矿井瓦斯地质变化情况、瓦斯赋存和涌出的变化规律，及时制定和实施各种防范措施。

（2）严格按照《防治煤与瓦斯突出规定》进行突出危险性预测和效果检验，认真落实不抽不采、达不到抽采指标不采、防突措施不落实不采的要求。

【案例三】 近煤层岩巷突出

1. 事故经过

2004 年 10 月 20 日，某矿发生一起特大型煤与瓦斯突出引发的特别重大瓦斯爆炸事故，二₁煤层轨道下山岩石掘进工作面 13 m 处（工作面标高约 −282 m，垂深 612 m）发生了特大型煤与瓦斯突出。突出地点附近推算的煤层瓦斯压力可能达到 2 MPa 以上。

二₁煤层煤质非常松软，煤的坚固性系数 f 为 0.12，瓦斯放散初速度 Δp 为 31，煤的破坏类型为 Ⅳ、Ⅴ 类煤；在高地应力、瓦斯压力和构造应力的作用下，二₁煤层具备了发生煤与瓦斯突出的条件。二₁煤层轨道下山岩石掘进工作面按设计沿距煤层 16 m 的底板岩层掘进，但在 10 月 20 日进入了一个落差约 10 m 的逆断层，该逆断层正好与现代构造应力方向相垂直，造成构造应力集中，封闭严密，利于瓦斯储存；该区域煤层的瓦斯压力进一步增大，爆破使掘进工作面突然进入断层破碎带，在高地应力和高瓦斯压力的共同作用下突破断层破碎带岩柱，发生了特大型煤与瓦斯突出，突出煤岩量为 1894 t（煤 1362 t，岩 532 t），突出瓦斯量为 0.2495 Mm³，造成 148 人死亡，32 人受伤（其中重伤 5 人），直接经济损失达 3935.7 万元。

2. 原因分析

（1）二₁煤层轨道下山岩石掘进工作面地处矿井深部，爆破揭穿地质构造复杂的逆断层。

（2）该矿为高瓦斯矿井，有关人员对矿井开采深度增加可能带来的瓦斯等级提高没有足够重视。

（3）瓦斯地质预报工作不到位，没有及时预测到遇到逆断层。

3. 防范措施

（1）建立健全防突机构，充实人员，完善防突制度，落实防突责任。

（2）加强防突教育培训工作，提高干部、职工对煤与瓦斯突出危险性的认识。

（3）在突出煤层顶、底板岩巷掘进过程中必须超前探明、验证地质资料，及时掌握施工动态、围岩、瓦斯和地质构造情况，做好地质预报工作。根据预报，做好防止误穿突出煤层或突出煤层的断层破碎带的防突设计与施工。

（4）严格按照《防治煤与瓦斯突出规定》落实"四位一体"综合防突措施。

复习思考题

1. 什么是煤（岩）与瓦斯（二氧化碳）突出?
2. 煤与瓦斯突出分为哪几类?
3. 煤与瓦斯突出的预兆有哪些?
4. 煤与瓦斯突出的一般规律是什么?
5. 突出煤层的基本特征是什么?
6. 瓦斯地质图包括哪些内容?

第六章　区域突出危险性预测

知识要点
☆ 掌握煤层突出危险性预测的指标、方法、步骤和判断原则

第一节　煤层突出危险性预测

《防治煤与瓦斯突出规定》要求，突出矿井应当对突出煤层进行区域突出危险性预测。经区域预测后，突出煤层划分为突出危险区和无突出危险区。未进行区域预测的区域视为突出危险区。

一、区域预测的阶段划分及范围划定

1. 区域预测的阶段划分

区域预测分为新水平、新采区开拓前的区域预测和新采区开拓后的区域预测。区域预测实际上是贯穿了从新建矿井科研阶段的突出危险性评估、建井、新水平新采区开拓，到区段工作面准备的整个过程。只是在不同阶段预测对象的范围不同，预测依据的资料来源和翔实程度不同，预测结果的指导作用也不同。各阶段的区域预测范围越来越小，依据的资料则越来越丰富、可靠，而指导作用也越来越具体。

2. 区域预测的范围划定

突出煤层区域预测的范围由煤矿企业根据突出矿井的开拓方式、巷道布置等情况划定。突出煤层的区域预测总是逐渐进行的，每次区域预测范围的大小主要是根据开拓、准备的实际需要等情况来确定。

二、开拓前区域预测

在新水平、新采区开拓前，为了做好开拓、开采设计，应了解其区域内的煤层突出情况，以便选取适当的防突技术方案，设计符合安全生产需要的安全生产系统和采煤方法等。当预测区域的煤层缺少或者没有井下实测瓦斯参数时，可以主要依据地质勘探资料、上水平及邻近区域的实测和生产资料等进行开拓前区域预测。

开拓前区域预测结果仅用于指导新水平、新采区的设计和新水平、新采区开拓工程的揭煤作业。

三、开拓后区域预测

开拓后区域预测应当主要依据预测区域煤层瓦斯的井下实测资料，并结合地质勘探资

料、上水平及邻近区域的实测和生产资料等进行。

开拓后区域预测结果用于指导工作面的设计和采掘生产作业。由于开拓后区域预测依据的资料更多、更准确，因而预测结果的可靠性更大，达到了直接指导工作面的设计和采掘作业的程度，可以用作主要依据，以决定是否采取措施、采取哪些措施、选取怎样的参数等。

四、区域突出危险性预测方法

区域预测一般根据煤层瓦斯参数结合瓦斯地质分析的方法进行，也可以采取其他经试验证实有效的方法。其主要依据的指标参数为煤层瓦斯压力和煤层瓦斯含量。

根据煤层瓦斯压力或者瓦斯含量进行区域预测的临界值应当由具有突出危险性鉴定资质的单位进行试验考察，在试验前和应用前应当由煤矿企业技术负责人批准。

第二节　瓦斯地质分析法区域预测

根据煤层瓦斯参数结合瓦斯地质分析的方法，是把原来的瓦斯地质统计法和综合指标法综合起来，从而形成一套能够对一个区域进行完整的区域预测的方法。其基本做法：先把区域中那些能够根据实际发生的突出或明显突出预兆，及煤层瓦斯风化带分布等划分成危险区、无危险区的部分划分出来，然后对其他区域根据煤层瓦斯压力或含量进行预测和划分。该区域预测方法可用于开拓前区域预测，也可用于开拓后区域预测，二者的区别仅仅在于资料来源不同。

根据煤层瓦斯参数结合瓦斯地质分析的区域预测方法应当按照下列要求进行：

（1）煤层瓦斯风化带为无突出危险区域。瓦斯风化带的煤层受到的氧化作用大，长时间和大气接触使得储存的瓦斯量也很少，而且风化带一般埋藏浅，地应力也小，所以这一带煤层没有突出危险。

（2）根据已开采区域确切掌握的煤层赋存特征、地质构造条件、突出分布的规律和对预测区域煤层地质构造的探测、预测结果，采用瓦斯地质分析的方法划分出突出危险区域。

根据煤与瓦斯突出的机理，在相同的瓦斯、地应力条件下，煤层越破碎，突出的可能性越大，而且构造不同部位的瓦斯、地应力也有差别。所以有很多突出都是发生在构造破坏带，而其他区域由于煤层较硬等原因并不突出。

在同一地质单元内，瓦斯压力、瓦斯含量的分布将遵循随埋藏深度增加而逐步增大的规律，突出危险性也是基本上完全随着瓦斯压力、瓦斯含量的增大而升高。因此，只要准确测定了某点的瓦斯参数，则此点以下区域的瓦斯压力或瓦斯含量肯定大于该点，且按一定的梯度增加，只要某点发生了突出，则该点以下区域也可能发生突出。

当突出点及具有明显突出预兆的位置分布与构造带有直接关系时，则根据上部区域突出点及具有明显突出预兆的位置分布与地质构造的关系，确定构造线两侧突出危险区边缘到构造线的最远距离，并结合下部区域的地质构造分布划分出下部区域构造线两侧的突出危险区。否则，在同一地质单元内，突出点及具有明显突出预兆的位置以上 20 m（埋深）及以下的范围为突出危险区（图 6-1）。

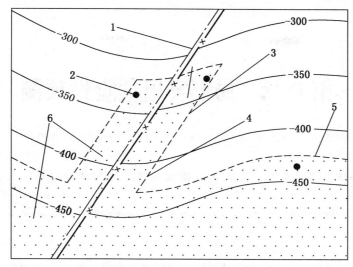

1—断层；2—突出点；3—上部区域突出点在断层两侧的最远距离线；4—推测的下部区域断层两侧的
突出危险区边界线；5—推测的下部区域突出危险区上边界线；6—突出危险区（阴影部分）

图 6－1　根据瓦斯地质分析划分突出危险区域示意图

（3）在上述两项划分出的无突出危险区和突出危险区以外的区域，应当根据煤层瓦斯压力 p 进行预测。如果没有或者缺少煤层瓦斯压力资料，也可根据煤层瓦斯含量 W 进行预测。预测所依据的临界值应根据试验考察确定，在确定前可暂按表 6－1 预测。

表 6－1　根据煤层瓦斯压力或瓦斯含量进行区域预测的临界值

瓦斯压力 p/MPa	瓦斯含量 W/$(m^3 \cdot t^{-1})$	区域类别
＜0.74	＜8	无突出危险区
除上述情况以外的其他情况		突出危险区

事实上，受当前防突技术水平的限制，经过区域预测划分的无突出危险区并不要求其中任何位置都要绝对地没有突出危险，而是只要求其中有突出危险的位置很少、危险程度较低。对这些少数有突出危险的地点，要采用区域验证的方法去发现和把关，一旦发现，马上用局部综合防突措施去解决。

（4）采用上述方法进行开拓后区域预测时还应当符合下列要求：①预测所主要依据的煤层瓦斯压力、瓦斯含量等参数应为井下实测数据。②测定煤层瓦斯压力、瓦斯含量等参数的测试点在不同地质单元根据其范围、地质复杂程度等实际情况和条件分别布置。同在一个地质单元内，也要在不同位置、埋藏深度，布置有一定数量的测试点，以便较准确地掌握该地质单元内的瓦斯参数。同一地质单元内沿煤层走向布置测试点不少于 2 个，沿倾向不少于 3 个，并至少有 1 个测试点位于埋深最大的开拓工程部位。

🔬 复习思考题

1. 确定煤层突出危险的煤层瓦斯压力和瓦斯含量临界值是多少？
2. 测定煤层瓦斯压力、瓦斯含量等参数的测试点是如何布置的？

第七章　局部突出危险性预测

知识要点

☆ 掌握石门揭煤、煤巷掘进、采煤工作面突出危险性预测的指标、方法、步骤和判定原则

第一节　石门揭煤工作面突出危险性预测

《防治煤与瓦斯突出规定》第七十一条规定，石门揭煤工作面的突出危险性预测应当选用综合指标法、钻屑瓦斯解吸指标法或其他经试验证实有效的方法进行。

立井、斜井揭煤工作面的突出危险性预测按照石门揭煤工作面的各项要求和方法执行。

一、综合指标法

依据煤层的瓦斯压力 p、煤层开采深度 H、煤层软分层的平均坚固性系数 f、煤层软分层煤的瓦斯放散初速度指标 Δp 四个指标所计算出来的煤层的突出危险性综合指标 D、K 值来判断和确定突出煤层某区域的突出危险性等级，称为综合指标法。

采用综合指标法预测石门揭煤工作面突出危险性时，应当由工作面向煤层的适当位置至少打 3 个钻孔测定煤层瓦斯压力 p。近距离煤层群的层间距小于 5 m 或层间岩石破碎时，应当测定各煤层的综合瓦斯压力。

测压钻孔在每米煤孔采一个煤样测定煤的坚固性系数 f，把每个钻孔中坚固性系数最小的煤样混合后测定煤的瓦斯放散初速度 Δp，则此值及所有钻孔中测定的最小坚固性系数 f 值作为软分层煤的瓦斯放散初速度和坚固性系数参数值。

综合指标 D、K 值的计算公式为

$$D = \left(\frac{0.0075H}{f} - 3 \right) \times (p - 0.74) \tag{7-1}$$

$$K = \frac{\Delta p}{f} \tag{7-2}$$

式中　　H——开采深度，m；

p——煤层瓦斯压力，取各个测压钻孔实测压力的最大值，MPa；

Δp——软分层煤的瓦斯放散初速度；

f——软分层煤的平均坚固性系数。

综合指标 D、K 的突出危险临界值应根据本矿区实测数据确定，如无实测资料，可参

照表 7 – 1 所列的临界值判定区域突出危险性。

表 7 – 1　综合指标 D、K 的参考临界值

煤层突出危险综合指标 D	煤的突出危险性综合指标 K	
	无 烟 煤	其他煤种
0.25	20	15

判断和确定石门揭煤工作面突出危险性等级的基本原则如下：

（1）当测定的综合指标 D、K 都小于临界值，或者指标 K 小于临界值且计算 D 值公式中两括号内的计算值都为负值时，若未发现其他异常情况，该工作面即为无突出危险工作面。但工作面出现有声预兆和无声预兆时，应判定该工作面为突出危险工作面，必须采取防突措施，必要时立即撤离现场作业人员。

（2）当测定的综合指标 D、K 都大于临界值，判定为突出危险工作面。

二、钻屑瓦斯解吸指标法

钻屑瓦斯解吸指标法是依据瓦斯解吸指标 Δh_2 或 K_1 值是否超标，来确定石门揭煤工作面的突出危险性等级。

1. 钻屑瓦斯解吸指标法步骤

采用钻屑瓦斯解吸指标法预测石门揭煤工作面突出危险性时，由工作面向煤层的适当位置至少打 3 个钻孔，在钻孔钻进到煤层时每钻进 1 m 采集一次孔口排出的粒径为 1～3 mm 的煤钻屑，测定其瓦斯解吸指标 K_1 或 Δh_2 值。测定时，应考虑不同钻进工艺条件下的排碴速度。

2. 钻屑瓦斯解吸指标法指标

由于不同矿井的煤层赋存条件、地质因素、瓦斯条件和煤自身物理力学等方面存在的差异，不同矿区、不同煤层揭煤工作面突出危险性预测预报的钻屑瓦斯解吸指标 K_1 或 Δh_2 临界值也不尽相同。各煤层石门揭煤工作面钻屑瓦斯解吸指标的临界值应根据试验考察确定，在确定前可暂按表 7 – 2 中所列的指标临界值预测突出危险性。

表 7 – 2　钻屑瓦斯解吸指标法预测石门揭煤工作面突出危险性的参考临界值

煤　　样	Δh_2 指标临界值/Pa	K_1 指标临界值/$(\mathrm{mL} \cdot \mathrm{g}^{-1} \cdot \min^{-\frac{1}{2}})$
干煤样	200	0.5
湿煤样	160	0.4

3. 钻屑瓦斯解吸指标法判定原则

如果所有实测的指标值均小于临界值，并且未发现其他异常情况，则该工作面为无突出危险工作面；否则，为突出危险工作面。

第二节　煤巷掘进工作面突出危险性预测

预测煤巷掘进工作面的突出危险性可采用的方法有钻屑指标法、复合指标法、R 值指标法和其他经试验证实有效的方法。

一、钻屑指标法

1. 预测方法和步骤

（1）采用钻屑指标法预测煤巷掘进工作面突出危险性时，在近水平、缓倾斜煤层工作面应向前方煤体至少施工 3 个（图 7 - 1）、在倾斜或急倾斜煤层至少施工 2 个直径为 42 mm、孔深为 8 ~ 10 m 的钻孔（图 7 - 2），测定钻屑瓦斯解吸指标和钻屑量。

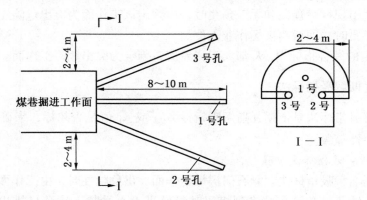

图 7 - 1　近水平、缓倾斜煤层煤巷掘进工作面钻屑指标法预测钻孔示意图

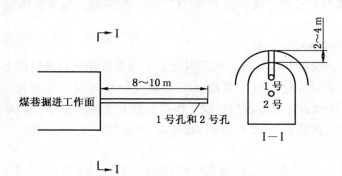

图 7 - 2　倾斜、急倾斜煤层煤巷掘进工作面钻屑指标法预测钻孔布置示意图

（2）钻孔应尽可能布置在软分层中，一个钻孔位于掘进巷道断面中部，并平行于掘进方向，其他钻孔的终孔点应位于巷道断面两侧轮廓线外 2 ~ 4 m 处。

（3）钻孔每钻进 1 m，测定该 1 m 段的全部钻屑量 S，每钻进 2 m 至少测定一次钻屑瓦斯解吸指标 K_1 或 Δh_2 值。

2. 突出危险指标

各煤层采用钻屑指标法预测煤巷掘进工作面突出危险性的指标临界值应根据试验考察确定，在确定前可暂按表 7 - 3 的临界值确定工作面的突出危险性。

表7-3　钻屑指标法预测煤巷掘进工作面突出危险性的参考临界值

钻屑瓦斯解吸指标 Δh_2/Pa	钻屑瓦斯解吸指标 K_1/ $(mL \cdot g^{-1} \cdot min^{-\frac{1}{2}})$	钻 屑 量 S	
		S/(kg·m^{-1})	S/(L·m^{-1})
200	0.5	6	5.4

3. 判定原则

如果实测得到的 S、K_1、Δh_2 的所有值均小于临界值，并且未发现其他异常情况，则该工作面预测为无突出危险工作面；否则，为突出危险工作面。

二、复合指标法

1. 预测方法和步骤

（1）采用复合指标法预测煤巷掘进工作面突出危险性时，在近水平、缓倾斜煤层工作面应当向前方煤体至少施工3个、在倾斜或急倾斜煤层至少施工2个直径为42 mm、孔深为8~10 m的钻孔（图7-3）。

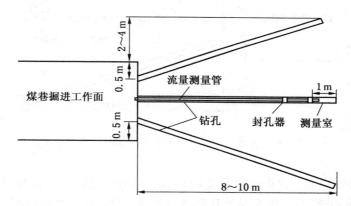

图7-3　煤巷掘进工作面复合指标法预测钻孔布置示意图

（2）钻孔应当尽量布置在软分层中，一个钻孔位于掘进巷道断面中部，并平行于掘进方向，其他钻孔开孔口靠近巷道两帮0.5 m处，终孔点应位于巷道断面两侧轮廓线外2~4 m处。

（3）钻孔每钻进1 m，测定该1 m段的全部钻屑量 S，并在暂停钻进后2 min内测定钻孔瓦斯涌出初速度 q。测定钻孔瓦斯涌出初速度时，测量室的长度为1.0 m。

2. 突出危险指标

煤层采用复合指标法预测煤巷掘进工作面突出危险性的指标临界值应根据试验考察确定，在确定前可暂按表7-4的临界值进行预测。

表7-4　复合指标法预测煤巷掘进工作面突出危险性的参考临界值

钻孔瓦斯涌出初速度 q/(L·min^{-1})	钻 屑 量 S	
	S/(kg·m^{-1})	S/(L·m^{-1})
5	6	5.4

3. 判定原则

如果实测得到的指标 q、S 的所有值均小于临界值，并且未发现其他异常情况，则该工作面预测为无突出危险工作面；否则，为突出危险工作面。

三、R 值指标法

（1）采用 R 值指标法预测煤巷掘进工作面突出危险性时，在近水平、缓倾斜煤层工作面应向前方煤体至少施工 3 个、在倾斜或急倾斜煤层至少施工 2 个直径为 42 mm、孔深为 8 ~ 10 m 的钻孔，测定钻孔瓦斯涌出初速度和钻屑量指标。

（2）钻孔应当尽可能布置在软分层中，一个钻孔位于掘进巷道断面中部，并平行于掘进方向，其他钻孔的终孔点应位于巷道断面两侧轮廓线外 2 ~ 4 m 处（图 7 - 4）。

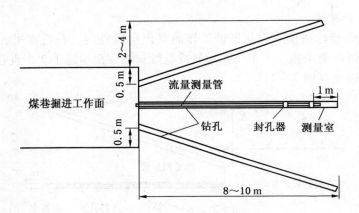

图 7 - 4　煤巷掘进工作面 R 值指标法预测钻孔布置示意图

（3）钻孔每钻进 1 m，收集并测定该 1 m 段的全部钻屑量 S，并在暂停钻进后 2 min 内测定钻孔瓦斯涌出初速度 q。测定钻孔瓦斯涌出初速度时，测量室的长度为 1.0 m。

（4）根据每个钻孔的最大钻屑量 S_{max} 和最大钻孔瓦斯涌出初速度 q_{max} 按式（7 - 3）计算各孔的 R 值：

$$R = (S_{max} - 1.8)(q_{max} - 4) \qquad (7 - 3)$$

（5）判定各煤层煤巷掘进工作面突出危险性的临界值应根据试验考察确定，在确定前可暂按以下指标进行预测：当所有钻孔的 R 值有 $R < 6$ 且未发现其他异常情况时，该工作面可预测为无突出危险工作面；否则，判定为突出危险工作面。

第三节　采煤工作面突出危险性预测

一、采煤工作面突出危险性预测方法和步骤

采煤工作面突出危险性预测的方法和步骤，可参照本章第二节煤巷掘进工作面突出危险性预测的方法进行，但应沿采煤工作面每隔 10 ~ 15 m 布置一个预测钻孔，深 5 ~ 10 m。除此之外的各项操作均与煤巷掘进工作面突出危险性预测相同。

二、采煤工作面突出危险性预测的判定原则

（1）采煤工作面突出危险性预测的判定原则与煤巷掘进工作面突出危险性判定原则相同。

（2）当预测工作面为无突出危险工作面时，每个循环预留 2 m 预测超前距进行采煤作业。

三、采煤工作面突出危险性预测的指标

判定采煤工作面突出危险性的各指标临界值应根据试验考察确定，在确定前可参照煤巷掘进工作面突出危险性预测的临界值。

【实例一】某突出矿井石门揭 30 号煤层突出危险性预测

1. 概况

矿井三水平北一石门在工作面距 30 号煤层法向距离 5 m 前，采用 MD-2 型钻屑瓦斯解吸仪对 30 号煤层进行测试，测试钻屑瓦斯解吸指标最大值为 220 Pa（湿煤样）并有瓦斯动力现象，安装压力表测压为 1.5 MPa，确定该工作面具有突出危险性，停止掘进，采取瓦斯预抽钻孔对该煤层进行解突。

2. 钻孔布置

在工作面布置预抽钻孔，每个钻孔间距为 0.5 m。原设计 29 个预抽钻孔，后根据实际情况又增加 14 个钻孔，共施工 43 个，如图 7-5、图 7-6 所示，43 个预抽钻孔全部施

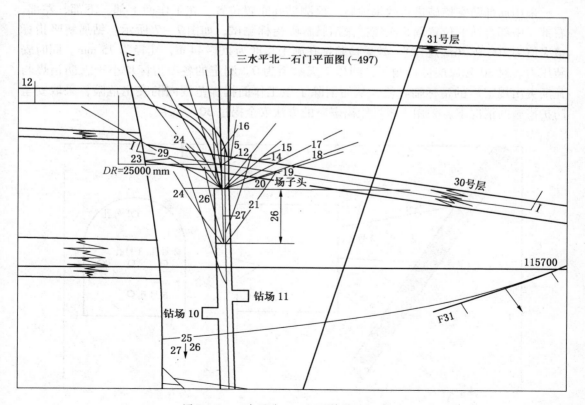

图 7-5 三水平北一石门预抽钻孔平面图

工到位，在钻孔见煤时有 36 个孔次发生喷孔，孔内瓦斯浓度为 100%。钻孔施工顺序为先打预抽钻孔，待全部施工完预抽钻孔后抽采一段时间，再施工措施效果检验孔。

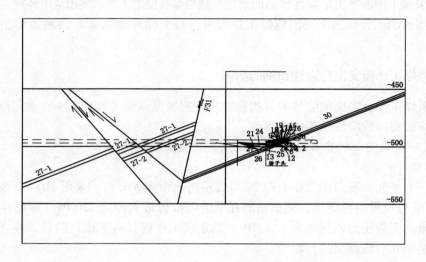

图 7 - 6　三水平北一石门预抽钻孔剖面图

3. 实施效果

采用局部防突措施进行效果检验，检测钻孔布置位置。在工作面上部、下部、左部、右部、中部合适的位置取 5 次煤样做钻屑解吸指标测试，如图 7 - 7 所示。钻屑解吸指标最大值为 100 Pa（湿煤样），效果检验钻孔施工长度为 20 ~ 44 m，孔径为 75 mm。同时安装压力表对 30 号煤层进行测压，测压 7 天数值为 0。测定的各项指标均小于《防治煤与瓦斯突出规定》的指标临界值，从而消除了该工作面揭煤范围内的突出危险，采取安全防护措施的情况下，采用千米远距离爆破的方法安全揭过 30 号煤层。

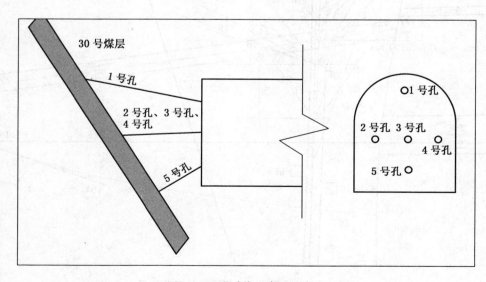

图 7 - 7　预测钻孔布置示意图

【**实例二**】　某矿实施地质保障措施防止误揭煤

1. 概况

该矿是煤与瓦斯突出矿井，地质构造极其复杂，煤层赋存不稳定且不清楚，给生产带来极大的安全隐患。采取超前地质勘探钻孔措施，超前工作面 20 m 探明瓦斯、煤层和构造，并测定煤层瓦斯参数，进行突出危险性预测。

施工三水平北翼带式输送机巷时，为探清工作面前方的瓦斯、煤层、断层及其他地质构造，采取超前钻孔进行突出危险性预测（图 7-8），在巷道前进方向左右两帮每隔 50 m 交替施工钻场，每个钻场内设计不小于 3 个超前钻孔，每个钻场长度设计为 120 m，超前钻孔终孔位置在巷道轮廓线外 5 m，保证钻孔超前工作面 20 m。在施工 20 号钻场 1 号超前钻孔时，发生瓦斯动力现象（喷孔），安装测压压力表测得压力为 0.70 MPa。继续施工 2 号和 3 号也发生瓦斯动力现象。

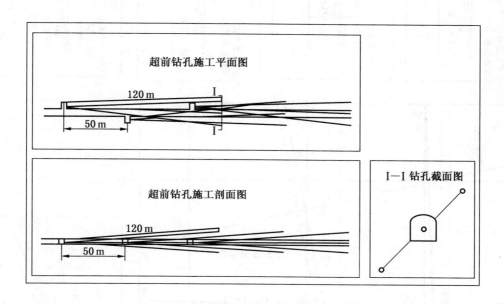

图 7-8　超前钻孔示意图

2. 预抽钻孔施工

因发生瓦斯动力现象，工作面停止前进，对该区域施工预抽钻孔进行瓦斯抽采。如图 7-9 所示，距 30 号层突出煤层平面距离为 16.7 m，距煤层法向距离为 5.6 m，对该区域 30 号煤层进行解突。在该区域钻场施工瓦斯预抽钻孔数量三处共计 66 个，钻孔孔径为 94 mm，钻孔长度为 20~150 m，钻孔倾角为 -9° ~ +40°，方位角为 36° ~ 65°，钻孔终孔位置距煤层高度为 10~40 m。钻孔控制范围：沿煤层分别在巷道轮廓线以外 5 m、12 m、17 m 布置钻孔，在施工预抽钻孔时经常发生瓦斯动力现象，经过数月预抽，瓦斯压力由 0.7 MPa 降至 0.2 MPa，并且没有再发生瓦斯动力现象。经分析，此次发生瓦斯动力现象，主要是受断层破碎带的影响。

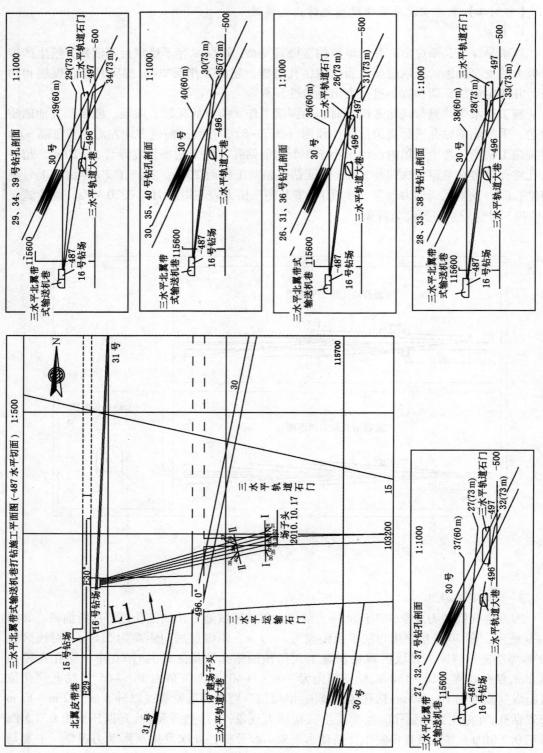

图 7 - 9　某矿三水平北翼皮带巷钻孔平剖面图

复习思考题

1. 采用钻屑瓦斯解吸指标法预测石门揭煤工作面突出危险性的临界值是如何规定的?
2. 煤巷掘进工作面突出危险性预测方法有哪些?
3. 采煤工作面突出危险性预测方法有哪些?

第八章　煤与瓦斯突出防治措施

知识要点
☆ 掌握防治煤与瓦斯突出的区域性措施原则与要求，包括开采保护层、预抽煤层瓦斯等
☆ 掌握局部防突技术措施，包括预抽瓦斯、排放钻孔等

第一节　区域防突措施

一、防治煤与瓦斯突出措施的分类

《防治煤与瓦斯突出规定》要求，有突出矿井的煤矿企业、突出矿井应当根据突出矿井的实际状况和条件，制定区域综合防突措施和局部综合防突措施。

区域防突措施是指在突出煤层进行采掘前，对突出煤层较大范围采取的防突措施。区域防突措施的作用范围很大，一方面，它能使作业人员在远离突出危险煤层的更安全的地点进行区域防突措施的施工。另一方面，当采掘工作面在区域防突措施有效作用范围内施工时，由于有效作用范围足够大，即使周围煤层出现了瓦斯压力和地应力非常大、煤体破坏严重的异常情况，也不足以突破措施范围内的煤层；即使措施施工的控制范围出现了一定偏差，或采掘工程的位置出现了一定的偏离，仍然能够保证工作面到突出危险区煤层之间有足够的间隔。

区域性防突措施包括开采保护层、预抽煤层瓦斯、煤层注水等，其中开采保护层应当优先采用。预抽煤层瓦斯措施所使用的钻孔在煤层中的分布不可能是连续的，有的还有较大的空白带。但开采保护层对被保护层所形成的卸压作用则是非常均匀的，因而是最可靠、有效的防突措施。优先开采保护层，即应突破正常的可采煤层条件，积极创造开采保护层的条件，在没有理想保护层的情况下，应试验应用薄煤层回采技术，尽可能开采薄煤层作为保护层，当被保护层突出危险性非常大的情况下也应考虑开采煤线或软岩层。

二、开采保护层

开采保护层是在开采煤层群时，预先开采没有突出危险或突出危险小的煤层，使具有突出危险的煤层消除或削弱突出危险的一种开采方法。

1. 开采保护层的方式

开采保护层分为上保护层和下保护层两种方式，保护层的上、下邻近煤层称为被保护

层，如图 8 - 1 所示。保护层位于被保护层下部的称为下保护层，保护层位于被保护层上部的称为上保护层。这两种方式在保护效果、保护作用范围、开采条件上都有较大的差别。

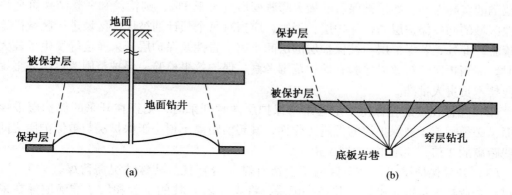

(a)　　　　　　　　　　　　　　　　　(b)

图 8 - 1　保护层开采示意图

根据保护层与被保护层之间的垂距 H 可将保护层分为近距离、中距离、远距离保护层。当 H 等于或小于 10 m 时为近距离保护层，10 ~ 50 m 为中距离保护层，大于 50 m 为远距离保护层。

被保护层随着与保护层之间的垂距加大，其有效性有所降低。保护层与被保护层之间的最大保护垂距见表 8 - 1。

表 8 - 1　保护层与被保护层之间的最大保护垂距

煤 层 类 别	最大保护垂距/m	
	上 保 护 层	下 保 护 层
急倾斜煤层	<60	<80
缓倾斜和倾斜煤层	<50	<100

表中数据是基于一般情况而言，有的地方要超过上述数值。为了提高保护效果，在开采保护层的同时，必须要进行抽放瓦斯，尤其是采用远距离保护层时，抽放瓦斯显得更为重要。

2. 选择保护层必须遵循的原则

（1）在突出矿井开采煤层群时，如在有效保护垂距内存在厚度 0.5 m 及以上的无突出危险煤层，除因突出煤层距离太近而威胁保护层工作面安全或可能破坏突出煤层开采条件的情况外，首先开采保护层。有条件的矿井，也可以将软岩层作为保护层开采。

（2）当煤层群中有几个煤层都可作为保护层时，综合比较分析，择优开采保护效果最好的煤层。

（3）当矿井中所有煤层都有突出危险时，选择突出危险程度较小的煤层作为保护层先行开采，但采掘前必须采取预抽煤层瓦斯区域防突措施并进行效果检验。

（4）优先选择上保护层。当确实需要开采下保护层时，选择的下保护层不宜太近，不得破坏被保护层的开采条件。

3. 开采保护层的注意事项

（1）突出矿井首次开采某个保护层时，应当对被保护层进行区域措施效果检验及保护范围的实际考察。如果被保层的最大膨胀变形量大于3‰，则检验和考察结果可适用于其他区域的同一保护层和被保护层；否则，应当对每个预计的被保护区域进行区域措施效果检验。此外，若保护层与被保护层的层间距离、岩性及保护层开采厚度等发生了较大变化时，应当再次进行效果检验和保护范围考察。保护效果检验、保护范围考察结果报煤矿企业技术负责人批准。

（2）当被保护层在保持一定错距与保护层同时开采时，则正在开采的保护层采煤工作面，必须超前于被保护层的掘进工作面，其超前距离不得小于保护层与被保护层之间的法线距离的2倍，并不得小于30 m。

（3）开采保护层时，采空区内不得留有煤（岩）柱。特殊情况需留煤（岩）柱时，经煤矿企业技术负责人批准，并做好记录，将煤（岩）柱的位置和尺寸准确地标在采掘工程平面图上。每个被保护层的瓦斯地质图应当标出煤（岩）柱的影响范围，在这个范围内进行采掘工作前，首先采取预抽煤层瓦斯区域防突措施。

（4）开采保护层时，应同时抽采被保护层的瓦斯。

（5）开采近距离保护层时，必须采取措施严防被保护层卸压的瓦斯突然涌入保护层采掘工作面或误穿突出煤层。

三、预抽煤层瓦斯

预抽煤层瓦斯也是区域防突的一种措施，对于不具备开采保护层条件的突出危险煤层，可采用预抽煤层瓦斯区域防突措施，即在突出危险煤层采掘工作之前，进行大面积的预先抽放瓦斯，以降低或消除突出危险。

1. 预抽煤层瓦斯的方式

预抽煤层瓦斯的方式包括地面井预抽煤层瓦斯、穿层钻孔或顺层钻孔预抽区段煤层瓦斯、穿层钻孔预抽煤巷条带煤层瓦斯、顺层钻孔或穿层钻孔预抽回采区域煤层瓦斯、穿层钻孔预抽石门（含立、斜井等）揭煤区域煤层瓦斯、顺层钻孔预抽煤巷条带煤层瓦斯等。

这六种方式是按照优先推荐选用的顺序排列的，有条件的矿区（例如煤层透气性好的矿区）应优先选用地面井预抽煤层瓦斯区域防突措施，但目前我国对于该种措施的地面井布置等相关技术参数、效果等还缺少必要的试验考察，在一些矿区还不宜单独使用。

由于预抽煤层瓦斯区域防突措施还不能达到开采保护层那样可靠的防突效果，而且各种方式预抽措施的实施条件、效果特点也有差别，所以有条件的煤矿最好能同时或在不同的阶段分步实施两种或多种方式的预抽煤层瓦斯区域防突措施，以便提高区域防突措施的效果和可靠性。

2. 采取预抽煤层瓦斯区域防突措施的要求

（1）穿层钻孔或顺层钻孔预抽区段煤层瓦斯区域防突措施的钻孔，应当控制区段内的整个开采块段、两侧回采巷道及其外侧一定范围内的煤层。要求钻孔控制回采巷道外侧的范围是倾斜、急倾斜煤层巷道上帮轮廓线外至少20 m，下帮至少10 m；其他为巷道两侧轮廓线外至少各15 m。以上所述的钻孔控制范围均为沿层面的距离，以下同。

（2）穿层钻孔预抽煤巷条带煤层瓦斯区域防突措施的钻孔，应当控制整条煤层巷道及其两侧一定范围内的煤层。该范围与第（1）项中回采巷道外侧的要求相同。

（3）顺层钻孔或穿层钻孔预抽回采区域煤层瓦斯区域防突措施的钻孔，应当控制整个开采块段的煤层。

（4）穿层钻孔预抽石门（含立、斜井等）揭煤区域煤层瓦斯区域防突措施，应当在揭煤工作面距煤层的最小法向距离 7 m 以前实施（在构造破坏带应适当加大距离）。钻孔的最小控制范围是石门和立井、斜井揭煤处巷道轮廓线外 12 m（急倾斜煤层底部或下帮 6 m），同时还应当保证控制范围的外边缘到巷道轮廓线（包括预计前方揭煤段巷道的轮廓线）的最小距离不小于 5 m，且当钻孔不能一次穿透煤层全厚时，应当保持煤孔最小超前距 15 m。

（5）顺层钻孔预抽煤巷条带煤层瓦斯区域防突措施的钻孔，应控制的条带长度不小于 60 m，巷道两侧的控制范围与第（1）项中回采巷道外侧的要求相同。

（6）当煤巷掘进和回采工作面在预抽防突效果有效的区域内作业时，工作面距未预抽或者预抽防突效果无效范围的前方边界不得小于 20 m。

（7）厚煤层分层开采时，预抽钻孔应当控制开采的分层及其上部至少 20 m、下部至少 10 m（均为法向距离，且仅限于煤层部分）。

3. 对预抽煤层瓦斯钻孔的要求

（1）预抽煤层瓦斯钻孔应在整个预抽区域内均匀布置，以使煤层内各处的瓦斯和地应力普遍、均匀降低。否则，钻孔密集区的煤层瓦斯、地应力可能非常小，而钻孔稀疏区的煤层瓦斯、地应力仍然比较大，甚至没有达到区域防突措施的效果，整个区域仍然有突出危险。

（2）钻孔间距应当根据实际考察的煤层有效抽采半径确定。

（3）预抽瓦斯钻孔封堵必须严密。穿层钻孔的封孔长度不得小于 5 m，顺层钻孔的封孔长度不得小于 8 m。

（4）应当做好每个钻孔施工参数的记录及抽采参数的测定。钻孔孔口抽采负压不得小于 13 kPa。预抽瓦斯浓度低于 30% 时，应当采取改进封孔的措施，以提高封孔质量。

第二节　局部防突措施

局部防突措施中的"局部"与区域防突措施中的"区域"相对应，其内容包括工作面突出危险预测、工作面防突措施、工作面措施效果检验和安全防护措施四项内容，通称为局部"四位一体"的综合防突措施。在实施过程中，局部"四位一体"综合防突措施所包括的四项内容并非一定都要实施，但其中工作面安全防护措施是必须实施的。

局部防突措施包括预抽瓦斯、排放钻孔、水力冲孔、金属骨架、煤体固化等。

一、石门揭煤工作面防突措施

《防治煤与瓦斯突出规定》中对石门、立井及斜井等岩巷揭煤区域性措施规定如下：穿层钻孔预抽石门（含立井、斜井等）揭煤区域煤层瓦斯区域防突措施应当在揭煤工作面距煤层的最小法向距离 7 m 以前实施（在构造破坏带应适当加大距离）。钻孔的最小控制范围是石门和立井、斜井揭煤处巷道轮廓线外 12 m（急倾斜煤层底部或下帮 6 m），如图 8－2 所示。同时还应当保证控制范围的外边缘到巷道轮廓线（包括预计前方揭煤段巷道的轮廓线）的最小距离不小于 5 m，且当钻孔不能一次穿透煤层全厚时，应当保持煤孔最小超前距 15 m。

　　当掘进至工作面法向距离不小于 5 m 处，经工作面突出危险性预测（验证）石门、立井和斜井等岩石巷道揭煤工作面存在突出危险时，可采取局部防突措施。其中，石门揭煤工作面的防突措施包括预抽瓦斯、排放钻孔、水力冲孔、金属骨架、煤体固化或其他经试验证明有效的措施。立井揭煤工作面可以选用除水力冲孔以外的各项措施。斜井揭煤工作面的防突措施应当参考石门揭煤工作面的防突措施。

　　石门揭煤工作面钻孔的控制范围：石门的两侧和上部轮廓线外至少 5 m，下部至少 3 m。立井揭煤工作面钻孔控制范围：近水平、缓倾斜、倾斜煤层为井筒四周轮廓线外至少 5 m；急倾斜煤层沿走向两侧及沿倾斜上部轮廓线外至少 5 m，下部轮廓线外至少 3 m。揭煤工作面施工的钻孔应当尽可能穿透煤层全厚。当不能一次打穿煤层全厚时，可分段施工，但第一次实施的钻孔穿煤长度不得小于 15 m，且进入煤层掘进时，必须至少留有 5 m 的超前距离（掘进到煤层顶底板时不在此限）。

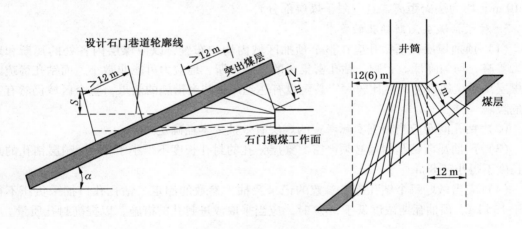

图 8－2　石门与立井揭煤消突控制范围示意图

　　由于石门和岩石井巷揭煤的特殊性，一般在距煤层法向距离 7 m 处的区域防突措施便要求消除揭煤处规定范围的突出危险性，工作面的突出预测也要求在法向距离不小于 5 m 处进行，因此实际操作过程中，可以在法向距离 7 m 时一同完成上述工作，但是在此后的施工过程中应坚持循环预测（验证），如存在突出危险性，应补充局部防突措施。

　　1. 排放钻孔法

　　排放钻孔是揭煤工作面一种常用的防突措施。该措施是在揭煤前由工作面向前方煤体打钻孔，排放煤体瓦斯并使煤体产生卸压，从而在工作面揭煤时起到防突的作用，由于防突需要的排放钻孔数量较多，且一般成排布置，故又称多排钻孔。排放钻孔防突措施工艺简单，效果较好。排放钻孔必须满足下列条件：

　　（1）排放钻孔应控制到揭煤处轮廓线外 6～12 m 的煤层范围内。

（2）排放钻孔的直径一般为 75～120 mm，钻孔间距根据煤层透气性和生产计划允许排放的时间来确定，一般要求孔底间距不大于 2 m。

（3）钻孔应一次打穿煤层全厚。

（4）排放钻孔在揭穿煤层之前应当保持自然排放。

排放钻孔适用于有足够排放时间的工作面，对瓦斯抽采效果较差的工作面（立井工作面），可以配合冲煤扫孔技术加速瓦斯排放。

2. 预抽瓦斯法

预抽瓦斯是揭煤工作面采用的一种最有效的防突措施。在煤层透气性比较小的揭煤工作面尤其适用，应优先采用。该项措施是在揭煤工作面采用排放钻孔措施自然排放瓦斯作用的基础上，预先抽采煤层中的瓦斯，加快瓦斯排放和突出煤体卸压速度，一般要求：

（1）有足够的预抽时间。

（2）抽采钻孔应布置到井筒周界外 6～12 m 的煤层内。

（3）抽采钻孔的直径通常可取 75～120 mm，钻孔孔底间距一般为 2～3 m。

（4）抽采钻孔在揭穿煤层之前应当保持自然排放或抽采状态。

二、煤巷掘进工作面防突措施

根据《防治煤与瓦斯突出规定》，有突出危险的煤巷掘进工作面应优先选用超前钻孔（包括超前预抽瓦斯钻孔、超前排放钻孔）防突措施。如果采用松动爆破、水力冲孔、水力疏松或其他工作面防突措施时，必须经试验考察确认防突效果有效后方可使用。前探支架措施应当配合其他措施一起使用。下山掘进时，不得选用水力冲孔、水力疏松措施。倾角 8°以上的上山掘进工作面不得选用松动爆破、水力冲孔、水力疏松措施。

煤巷掘进工作面在地质构造破坏带或煤层赋存条件急剧变化处不能按原措施设计要求实施时，必须施工钻孔查明煤层赋存条件，然后采用直径为 42～75 mm 的钻孔排放瓦斯。若突出煤层煤巷掘进工作面前方遇到落差超过煤层厚度的断层，应按石门揭煤的措施执行。

1. 超前钻孔

超前钻孔是在工作面前方一定范围煤体内打一定数量的钻孔，抽（排）煤体瓦斯，使工作面前方煤体附近的应力集中和高瓦斯压力带向远处推移，减小应力和瓦斯压力梯度，在工作面前方形成一个较长的卸压和瓦斯排放带，是彻底消除煤层突出危险性的一种方法，其作用原理如图 8－3 所示。有突出危险的煤巷掘进工作面应优先选用超前钻孔（包括超前预抽瓦斯钻孔、超前排放钻孔）防突措施。

煤巷掘进工作面采用超前钻孔作为工作面防突措施时，应符合下列要求：

（1）巷道两侧轮廓线外钻孔的最小控制范围为近水平、缓倾斜煤层为 5 m，倾斜、急倾斜煤层上帮为 7 m，下帮为 3 m。当煤层厚度大于巷道高度时，在垂直煤层方向上的巷道下部煤层控制范围不小于 3 m。

（2）钻孔在控制范围内应当均匀布置，在煤层的软分层中可适当增加钻孔数。超前钻孔的孔数、孔底间距等应根据钻孔的有效抽放或排放半径确定。但是，随着煤层钻进技术发展，钻孔施工效率已大幅度提高，有时也可缩小钻孔间距以缩短瓦斯抽排时间。

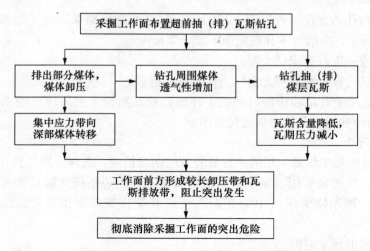

图 8 - 3　超前抽排钻孔消突作用原理框图

（3）钻孔直径应当根据煤层赋存条件、地质构造和瓦斯情况确定，一般为 75 ~ 120 mm，地质条件变化剧烈地带也可采用直径为 42 ~ 75 mm 的钻孔。若钻孔直径超过 120 mm，必须采用专门的钻进设备并制定专门的施工安全措施。

（4）煤层赋存状态发生变化时，应及时探明情况，重新确定超前钻孔的参数。

（5）钻孔施工前，加强工作面支护，打好迎面支架，背好工作面煤壁。

2. 边掘边抽

边掘边抽是在工作面掘进过程中，通过工作面和巷帮钻场向前方一定范围煤体施工一定数量的钻孔，抽采煤体瓦斯，彻底消除煤体突出危险性的一种方法。边掘边抽和超前钻孔都是向工作面前方煤体施工钻孔抽排煤体瓦斯，不同之处是边掘边抽的一些钻孔是在巷道两帮的钻场内施工的，在工作面掘进过程中，这部分钻孔仍可以抽排、拦截巷道两侧煤体的瓦斯。

突出危险煤层的突出危险区实施区域性防突措施并经区域性效果检验有效后转为无突出危险区，在此无突出危险区进行作业时要进行工作面突出危险性预测。工作面预测方法按照《防治煤与瓦斯突出规定》要求执行。预测为无突出危险的工作面，应采取安全防护措施并在保留一定超前距（预测超前距或措施超前距）的条件下进行采掘工作。预测为有突出危险的工作面，则必须采取工作面防突措施（图 8 - 4）。

利用边掘进边预抽煤层瓦斯的防突措施应符合以下要求：

（1）煤层透气性好，绝对瓦斯涌出量大于 3 m³/min 有突出危险的掘进工作面，可采用边掘进边预抽煤层瓦斯的防突措施。

（2）在巷道两帮每隔 20 ~ 30 m 做一个抽放钻场，沿掘进方向布置抽放钻孔 6 ~ 12 个，做到先抽后掘，边掘边抽。

（3）边掘边抽钻孔的布置应保持与巷道周边有一定的距离。

三、采煤工作面防突措施

有突出危险的采煤工作面可采用松动爆破、注水湿润煤体、超前钻孔、预抽煤层瓦斯等防治突出措施。

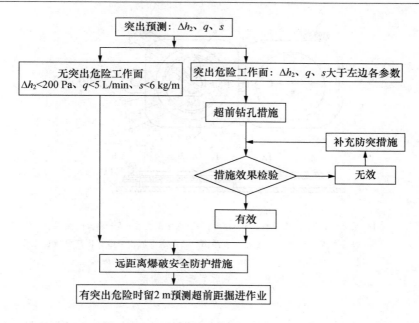

图8-4　某矿煤巷防突工艺技术流程图

采煤工作面采用超前钻孔作为工作面防突措施时，应当符合下列要求：

钻孔直径一般为 75~120 mm，钻孔在控制范围内均匀布置，在煤层的软分层中可适当增加钻孔数；超前排放钻孔和预抽钻孔的孔数、孔底间距等应当根据钻孔的有效排放或抽放半径确定；同样，为了缩短瓦斯抽排时间，有时可缩小钻孔间距。

第三节　防突钻孔定位

在井下现场施工区域防突措施和局部防突措施时常常使用地质罗盘仪布置防突钻孔。定钻孔方位、倾角，收集煤（岩）层产状、地质构造产状，收集突出孔洞轴向、倾角、煤层堆积角等都要用到地质罗盘仪。借助它可以定出方向，观察点的所在位置，测出任何一个观察面的空间位置（如岩层层面、褶皱轴面、断层面、节理面等构造面的空间位置），以及测定火成岩的各种构造要素，矿体的产状等。

一、地质罗盘仪的结构

地质罗盘仪式样很多，但结构基本是一致的，常用的是圆盆式地质罗盘仪。它由磁针、刻度盘、测斜仪、瞄准觇板、水准器等安装在一铜、铝或木制的圆盆内组成（图8-5）。

1. 磁针

磁针一般为中间宽、两边尖的菱形钢针，安装在底盘中央的顶针上，可自由转动，不用时应旋紧制动螺钉，将磁针抬起压在玻璃盖上避免磁针帽与顶针尖的碰撞，以保护顶针尖，延长罗盘使用时间。在进行测量时放松固定螺丝，使磁针自由摆动，最后静止时磁针的指向就是磁针子午线方向。由于我国位于北半球，磁针两端所受磁力不等，使磁针失去

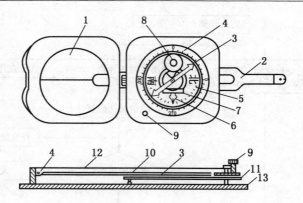

1—反光镜；2—瞄准觇板；3—磁针；4—水平刻度盘；5—垂直刻度盘；
6—垂直刻度指示器；7—垂直水准器；8—底盘水准器；9—磁针固定螺旋；
10—顶针；11—杠杆；12—玻璃盖；13—罗盘仪圆盆

图8-5　地质罗盘仪结构图

平衡。为了使磁针保持平衡常在磁针南端绕上几圈铜丝，同时便于区分磁针的南北两端。

2. 水平刻度盘

水平刻度盘的刻度采用的标示方式：从零度开始按逆时针方向每10°一记，连续刻至360°，0°和180°分别为 N 和 S，90°和270°分别为 E 和 W，利用它可以直接测得地面两点间直线的磁方位角。

3. 垂直刻度盘

垂直刻度盘专门用来读倾角和坡角读数，以 E 或 W 位置为0°，以 S 或 N 为90°，每隔10°标记相应数字。

4. 悬锥

悬锥是测斜器的重要组成部分，悬挂在磁针的轴下方，通过底盘处的觇板手可使悬锥转动，悬锥中央的尖端所指刻度即为倾角或坡角的度数。

5. 水准器

水准器通常有两个，分别装在圆形玻璃管中，圆形水准器固定在底盘上，长形水准器固定在测斜仪上。

6. 瞄准器

瞄准器包括接物和接目觇板，反光镜中间有细线，下部有透明小孔，使眼睛、细线、目的物三者成一线，作瞄准之用。

二、地质罗盘的使用方法

1. 磁偏角的校正

因为地磁的南、北两极与地理上的南北两极位置不完全相符，即磁子午线与地理子午线不相重合，地球上任一点的磁北方向与该点的正北方向不一致，这两个方向间的夹角叫磁偏角。

地球上某点磁针北端偏于正北方向的东边叫做东偏，偏于西边称西偏。东偏为（＋）

西偏为（－）。

地球上各地的磁偏角都按期计算，公布以备查用。若某点的磁偏角已知，则一测线的磁方位角 $A_磁$ 和正北方位角 A 的关系为 $A = A_磁 \pm$ 磁偏角。应用这一原理可进行磁偏角的校正，校正时可旋动罗盘的刻度螺旋，使水平刻度盘向左或向右转动（磁偏角东偏则向右，西偏则向左），使罗盘底盘南北刻度线与水平刻度盘 $0° \sim 180°$ 连线间夹角等于磁偏角。经校正后测量时的读数就为真方位角。

2. 地形草测

（1）定方位是目标所处的方向和位置，也叫交会定点。

当目标在视线（水平线）上方时的测量方法如下：

右手握紧仪器，上盖背面向着观察者，手臂贴紧身体，以减少抖动，左手调整长照准器和反光镜，转动身体，使目标、长照准尖的像同时映入反光镜，并为镜线所平分，保持圆水泡居中，则读磁针北极所指示的度数，即为该目标所处的方向。

按照同样的方法，在另一测点对该目标进行测量，这样两个测点对同一目标进行的测量得出两线沿着测出的度数，相交于目标，即得出目标的位置。

当目标在视线（水平线）下方时的测量方法如下：

右手紧握仪器，反光镜在观察者的对面，手臂同样贴紧身体，以减少抖动。左手调整长照准器和上盖，转动身体，使目标、照准尖同时映入反光镜的椭圆孔中，并为镜线所平分，保持圆水泡居中，则读磁针北极所指示的度数，即为该目标所处的方向。

按照同样的方法，在另一测点对该目标进行测量。这样从两个测点对该目标进行测量，得出两线沿着测出的角度相交的位置就得出目标的位置。

（2）测坡角是目标到观察者与水平面的夹角。

右手握住仪器外壳和底盘，长照准器在观察者的一方，将仪器平面垂直于水平面，长水泡居下方。左手调整上盖和长照准器，使目标、照准尖的孔同时为反光镜椭圆孔刻线所平分。然后用右手中指调整手把，从反光镜中观察长水泡居中，此时指示盘在方向盘上所指示的度数，即为该目标的坡角。如果测某一坡面的坡角，则只需把上盖打开到极限位置，将仪器侧边直接放在该坡面上，调整长水泡居中，读出角度，即为该坡面的坡角。

（3）定水平线是把长照准器扳至与盒面成一平面，上盖扳至 $90°$，而照准尖竖直，平行上盖，将指示器对准"0"，则通过照准尖上的视孔和反光镜椭圆孔的视线，即为水平线。

3. 测物体的垂直角

把上盖扳到极限位置，用仪器侧面贴紧物体（如钻杆）具有代表性的平面，然后调长水泡居中，此时指示器的读数即为该物体的垂直角。

三、地质罗盘的使用要求

（1）磁针和顶针、玛瑙轴承是仪器最主要的零件，应小心保护，保持干净，以免影响磁针的灵敏度。仪器关上后，通过开关和拨杆的动作将磁针自动抬起，使顶针与玛瑙轴承脱离，以免磨坏顶针。

（2）所有合页不要轻易拆卸，以免松动而影响精度。

（3）仪器尽量避免高温暴晒，以免水泡漏气失灵。

（4）合页转动部分应经常点些钟表油以免干磨而折断。

（5）长期不用时，应放在通风、干燥的地方，以免发霉。

【实例一】 某矿三水平南一区 23 - 24 - 27 号层组开采保护层

1. 概况

某矿自 1956 年 7 月建成投产以来，随着开采深度的增加，矿井瓦斯涌出量逐渐加大，煤与瓦斯突出现象逐渐显现，至今已发生 4 次煤与瓦斯突出现象。2005 年，经鉴定，该矿 17 层、18 层和 22 层为煤与瓦斯突出煤层。2012 年，矿井瓦斯等级鉴定结果得出绝对瓦斯涌出量为 46.30 m^3/min，相对瓦斯涌出量为 19.05 m^3/t。

具有经济价值的煤层富集在石头河子组地层之中，共含有 25 个煤层组、41 个煤层。其中可采和局部可采煤层共 23 个，可采煤层总厚度为 75.99 m，多为中厚和厚煤层。现开采煤层 11 个，即 11 号层、17 号层、18 号层、21 号层、22 号层、23 号层、24 号层、27 号层、28 号层、30 号层和 33 号层。

2. 保护层选择

27 号层煤炭储量为 720000 t，瓦斯含量为 4.2 m^3/t，绝对瓦斯涌出量为 15.2 ~ 16.8 m^3/min。24 号层煤炭储量为 540000 t，瓦斯含量为 6.1 m^3/t，绝对瓦斯涌出量为 8.1 ~ 10.3 m^3/min。23 号层煤炭储量为 690000 t，瓦斯含量为 7.2 m^3/t，绝对瓦斯涌出量为 2.5 ~ 3.4 m^3/min。其中 27 号层与 24 号层层间距为 35 m，24 号层与 23 号层层间距为 30 m，因此，选择开采 27 号层解放 23、24 号层，如图 8 - 6、图 8 - 7 所示，实现了下保护层开采。

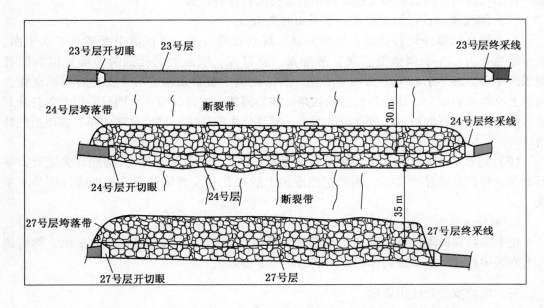

图 8 - 6　某矿三水平南一区 23 - 24 - 27 号层组开采保护层走向剖面示意图

3. 保护层效果

开采保护层的同时，对 23 号层、24 号层进行抽采，抽采瓦斯浓度为 35% ~ 65%，27

号层抽采瓦斯量为 4820000 m³，24 号层抽采瓦斯量为 2650000 m³，23 号层抽采瓦斯量为
180000 m³。23 号层、24 号层降为低瓦斯煤层（表 8 - 2）。

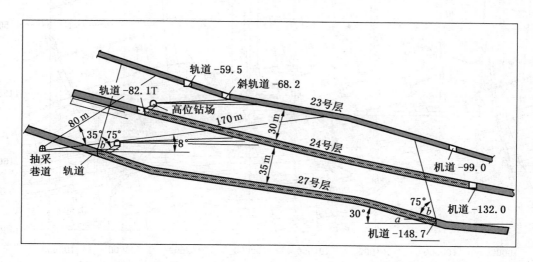

图 8 - 7　某矿三水平南一区 23 - 24 - 27 号层组开采保护层倾斜剖面示意图

表 8 - 2　27 号层开采保护层效果对照表

煤层编号	原始瓦斯压力/MPa	原始瓦斯含量/(m³·t⁻¹)	保护后残余瓦斯压力/MPa	保护后瓦斯含量/(m³·t⁻¹)
24	0.5	6.1	0.2	2.1
23	0.62	7.2	0.2	3.2

【实例二】某矿三水平建设期间区域消突

1. 矿井概况

某矿开采标高为 120.15 ~ -619.85 m。工程施工为三水平，标高为 -498 m，倾角为
22° ~ 35°，南北走向，东西倾斜。30 号层煤顶板为 5 ~ 8 m 的灰白色粉砂岩，底板为 3 ~ 6 m
的灰色粉砂岩，30 号层煤距上部 29 号层煤间距为 28 m，距下部 31 号层煤间距为 20 m，均
无开采。该煤层的坚固性系数为 0.49，煤层瓦斯含量为 3.267 m³/t，瓦斯压力为 1.5 MPa，
煤层透气性系数为 0.169 m²/(MPa²·d)。

2. 消突措施

在三水平采取的是瓦斯钻孔抽采防突技术，施工钻孔的钻机型号为 ZY - 2300 型钻
机，钻进能力为 300 m，钻场规格为 4 m×4 m×2.5 m，支护方式为锚喷支护，钻场间距
为 60 ~ 100 m，每个钻场钻孔数量为 40 ~ 70 个，钻孔孔径为 113 mm，钻孔长度为 120 ~
300 m，钻孔倾角为 0° ~ 40°，方位角为 194° ~ 357°，钻孔终孔位置距煤层高度为 10 ~ 40 m，如
图 8 - 8、图 8 - 9 所示。

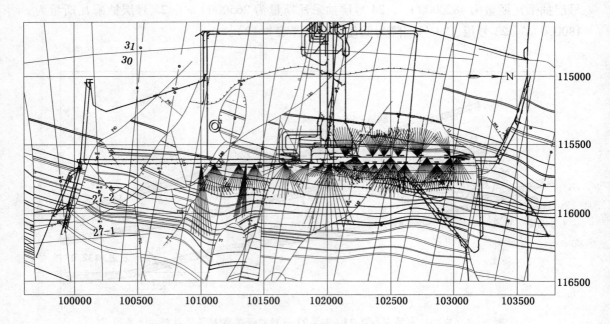

图 8 - 8　某矿三水平南北大巷预抽钻孔平面图

3. 消突效果

通过采取超前探测、区域预抽等综合防突措施,自 2010 年 10 月 15 日施工预抽钻孔,共抽采瓦斯 43000 m³,揭煤施工防突钻孔过程中未发生喷孔现象,煤层瓦斯压力降到 0,测定钻屑瓦斯解吸指标值为 20 Pa,快速安全地揭开了 30 号突出危险煤层。

【实例三】某矿四水平北 17 层 1 - 2 区一段先抽后采区域消突

1. 概况

该矿井于 1952 年 8 月动工兴建,至今已发生 4 起煤与瓦斯突出。特别是 2004 年 9 月 11 日在四水平 -495 m 标高石门揭 17 层煤时,发生了一次中型煤与瓦斯突出,突出煤量为 56 t,喷出甲烷量约 3997 m³。2012 年,矿井绝对瓦斯涌出量为 46.30 m³/min,相对瓦斯涌出量为 19.05 m³/t。四水平北 17 层 1 - 2 区一段瓦斯抽采巷,走向 520 m,倾斜 115 m,煤层厚度为 11 m,煤炭储量为 930000 t,瓦斯含量为 6.1 m³/t,瓦斯储量为 5620000 m³,瓦斯压力为 0.7 ~ 2 MPa。

2. 预抽钻孔布置

四水平北 17 层 1 - 2 区一段抽采巷道 490 m,抽采钻场 8 个,设计抽采钻孔 840 个(图 8 - 10、图 8 - 11)。抽采时间为 2010 年 6 月至 2016 年 5 月,现已施工抽采钻孔 311 个,24098 m。

3. 抽采效果

采取底板层岩巷穿层钻孔预抽 17 号煤层瓦斯,截至 2012 年 2 月共计抽采瓦斯 1170000 m³,抽采瓦斯浓度为 28%,抽采混合流量为 8 m³/min,抽采纯流量为 2.24 m³/min,该区残余瓦斯含量为 4.8 m³/t,最大残余瓦斯压力为 0.35 MPa。

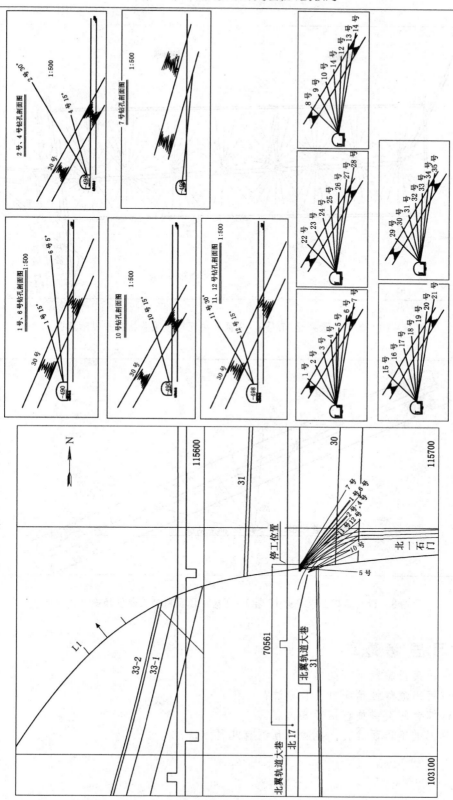

图 8-9　某矿三水平北翼轨道大巷预抽钻场剖面图

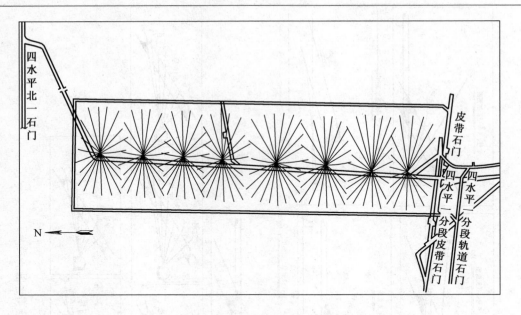

图 8 - 10　某矿四水平北 17 层 1 - 2 区一段瓦斯抽采巷钻孔布置示意图

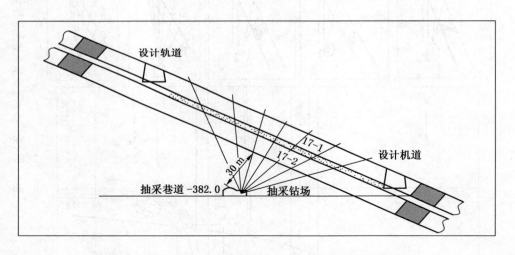

图 8 - 11　某矿四水平北 17 层 1 - 2 区一段瓦斯抽采巷钻场剖面图

复习思考题

1. 区域防突措施包括哪些内容？
2. 区域突出危险性预测有几种方法？
3. 局部综合防突措施包括哪些内容？
4. 煤巷掘进工作面的突出危险性预测有几种方法？

第九章　防突措施效果检验

第一节　区域防突措施效果检验

一、开采保护层的效果检验

开采保护层的效果检验主要采用残余瓦斯压力、残余瓦斯含量、顶底板位移量及其他经试验证实有效的方法。

当采用残余瓦斯压力、残余瓦斯含量检验时，应当根据实测的最大残余瓦斯压力或者最大残余瓦斯含量按《防治煤与瓦斯突出规定》的方法对预计被保护区域的保护效果进行判断。保护效果有效性的临界值：残余瓦斯压力为 0.74 MPa，残余瓦斯含量为 8 m^3/t，被保护层的最大膨胀变形量大于 3‰。如果各项测定指标都降到该煤层突出危险性临界值以下，则认为保护层开采有效；反之认为无效。

二、预抽煤层瓦斯的效果检验

采用预抽煤层瓦斯区域防突措施时，应当以预抽区域的煤层残余瓦斯压力或者残余瓦斯含量为主要指标或其他经试验证实有效的指标和方法进行措施效果检验。在采用残余瓦斯压力或者残余瓦斯含量指标对穿层钻孔、顺层钻孔预抽煤巷条带煤层瓦斯区域防突措施和穿层钻孔预抽石门（含立、斜井等）揭煤区域煤层瓦斯区域防突措施进行检验时，必须依据实际的直接测定值；其他方式的预抽煤层瓦斯区域防突措施可采用直接测定值或根据预抽前的瓦斯含量及抽、排瓦斯量等参数间接计算的残余瓦斯含量值。

（1）对预抽煤层瓦斯区域防突措施进行检验时，《防治煤与瓦斯突出规定》允许采用残余瓦斯压力或者残余瓦斯含量指标进行效果检验，其他指标如果未经按《防治煤与瓦斯突出规定》的程序进行试验考察，不得用于对预抽煤层瓦斯区域防突措施效果的检验。

（2）效果检验可以采用直接测定法获得的残余瓦斯压力或者残余瓦斯含量的直接测定值。在确定前可以按照如下指标进行评判：采用残余瓦斯压力指标进行检验，如果没有或者缺少残余瓦斯压力资料，也可根据残余瓦斯含量进行检验。若煤层残余瓦斯压力小于

0.74 MPa 或残余瓦斯含量小于 8 m³/t 的预抽区域为无突出危险区，否则，即为突出危险区，预抽防突效果无效。

（3）对穿层钻孔预抽石门（含立、斜井等）揭煤区域煤层瓦斯区域防突措施也可以采用钻屑瓦斯解吸指标进行措施效果检验。如果所有实测的指标值均小于《防治煤与瓦斯突出规定》规定的临界值，则为无突出危险区；否则，即为突出危险区，可确定预抽瓦斯还没有达到消除突出危险的目的。

（4）若检验期间在煤层中进行钻孔等作业时发现了喷孔、顶钻及其他明显突出预兆，发生明显突出预兆的位置周围半径 100 m 内的预抽区域判定为措施无效，所在区域煤层仍属突出危险区。

当采用煤层残余瓦斯压力或残余瓦斯含量的直接测定值进行检验时，若任何一个检验测试点的指标测定值达到或超过了有突出危险的临界值而判定为预抽防突效果无效时，则此检验测试点周围半径 100 m 内的预抽区域均判定为预抽防突效果无效，即为突出危险区。

（5）对预抽煤层瓦斯区域防突措施进行检验时，均应当首先分析、检查预抽区域内钻孔的分布等是否符合设计要求，不符合设计要求的，不予检验。

（6）采用直接测定煤层残余瓦斯压力或残余瓦斯含量等参数进行预抽煤层瓦斯区域措施效果检验时，应当符合下列要求：

①对穿层钻孔或顺层钻孔预抽区段煤层瓦斯区域防突措施进行检验时，若区段宽度（两侧回采巷道间距加回采巷道外侧控制范围）未超过 120 m，以及对预抽回采区域煤层瓦斯区域防突措施进行检验时若回采工作面长度未超过 120 m，则沿回采工作面推进方向每间隔 30～50 m 至少布置 1 个检验测试点；若预抽区段煤层瓦斯区域防突措施的区段宽度或预抽回采区域煤层瓦斯区域防突措施的回采工作面长度大于 120 m，则在回采工作面推进方向每间隔 30～50 m，至少沿工作面方向布置 2 个检验测试点；当预抽区段煤层瓦斯的钻孔在回采区域和煤巷条带的布置方式或参数不同时，按照预抽回采区域煤层瓦斯区域防突措施和穿层钻孔预抽煤巷条带煤层瓦斯区域防突措施的检验要求分别进行检验。②对穿层钻孔预抽煤巷条带煤层瓦斯区域防突措施进行检验时，在煤巷条带每间隔 30～50 m 至少布置 1 个检验测试点。③对穿层钻孔预抽石门（含立、斜井等）揭煤区域煤层瓦斯区域防突措施进行检验时，至少布置 4 个检验测试点，分别位于要求预抽区域内的上部、中部和两侧，并且至少有 1 个检验测试点位于要求预抽区域内距边缘不大于 2 m 的范围。④对顺层钻孔预抽煤巷条带煤层瓦斯区域防突措施进行检验时，在煤巷条带每间隔 20～30 m 至少布置 1 个检验测试点，且每个检验区域不得少于 3 个检验测试点。⑤各检验测试点应布置于所在部位钻孔密度较小、孔间距较大、预抽时间较短的位置，并尽可能远离测试点周围的各预抽钻孔或尽可能与周围预抽钻孔保持等距离，且避开采掘巷道的排放范围和工作面的预抽超前距。在地质构造复杂区域适当增加检验测试点。

（7）采用间接计算的残余瓦斯含量进行预抽煤层瓦斯区域措施效果检验时，应当符合下列要求：①当预抽区域内钻孔的间距和预抽时间差别较大时，根据孔间距和预抽时间划分评价单元分别计算检验指标。②若预抽钻孔控制边缘外侧为未采动煤体，在计算检验指标时根据不同煤层的透气性及钻孔在不同预抽时间的影响范围等情况，在钻孔控制范围边缘外适当扩大评价计算区域的煤层范围。但检验结果仅适用于预抽钻孔控制范围。

三、区域验证

在石门揭煤工作面对无突出危险区进行的区域验证，应当采用《防治煤与瓦斯突出规定》规定的石门揭煤工作面突出危险性预测方法进行，即综合指标法、钻屑瓦斯解吸指标法或其他经试验证实有效的方法进行。

在煤巷掘进工作面和回采工作面分别采用《防治煤与瓦斯突出规定》中所列的工作面预测方法对无突出危险区进行区域验证时，具体方法（即钻屑指标法、复合指标法、R值指标法及其他经试验证实有效的方法）应当按照下列要求进行：

（1）在工作面进入该区域时，立即连续进行至少两次区域验证。

（2）工作面每推进 10 ~ 50 m（在地质构造复杂区域或采取了预抽煤层瓦斯区域防突措施以及其他必要情况时宜取小值）至少进行两次区域验证。

（3）在构造破坏带连续进行区域验证。

（4）在煤巷掘进工作面还应当至少打 1 个超前距不小于 10 m 的超前钻孔或者采取超前物探措施，探测地质构造和观察突出预兆。

当区域验证为无突出危险时，应当采取安全防护措施后进行采掘作业。若为采掘工作面在该区域进行的首次区域验证，采掘前还应保留足够的突出预测超前距。

只要有一次区域验证为有突出危险或超前钻孔等发现了突出预兆，则该区域以后的采掘作业均应当执行局部综合防突措施。

第二节　局部防突措施效果检验

一、石门揭煤工作面防突措施的效果检验

对石门和其他揭煤工作面进行防突措施效果检验时，应当选择钻屑瓦斯解吸指标法或其他经试验证实有效的方法，但所有用钻孔方式检验的方法中检验孔数均不得少于 5 个，分别位于石门的上部、中部、下部和两侧。

只有当各项指标都小于突出危险临界值时，且未发现其他异常情况，判定措施有效；反之，判定措施无效。

措施效果检验措施有效，即工作面检验为无突出危险工作面时，采用远距离爆破安全防护措施进行掘进作业。

二、煤巷掘进工作面防突措施的效果检验

煤巷掘进工作面执行防突措施后，应当选择钻屑指标法、复合指标法、R值指标法及其他经试验证实有效的方法进行措施效果检验。

检验孔应当不少于 3 个，深度应当小于或等于防突措施钻孔的孔深。

煤巷前方的应力集中区一般从工作面前方 5 ~ 6 m 处开始，距工作面 5 m 之内，一般处于卸压状态。该卸压带有阻挡发生煤与瓦斯突出的作用，可为打钻、冲孔等防突措施施工提供安全屏障。掘进工作面允许的进尺量必须在巷道轴线方向留有不小于 5 m 的措施孔超前距和不小于 2 m 的检验孔超前距。

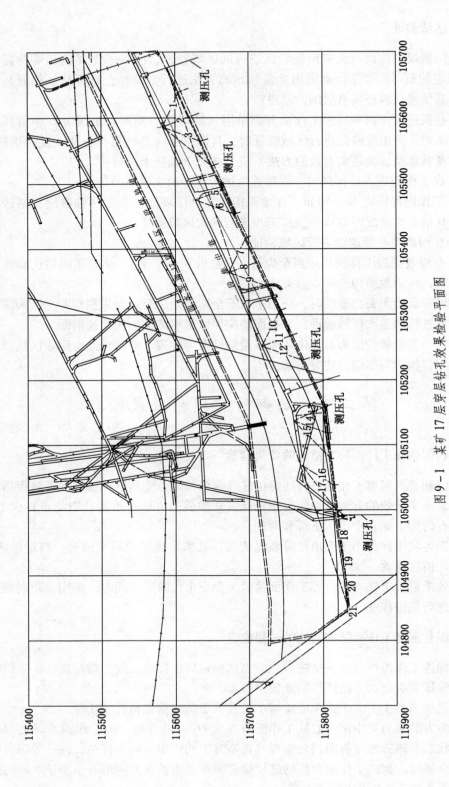

图 9 - 1　某矿 17 层穿层钻孔效果检验平面图

当检验结果措施有效时，若检验孔与防突措施钻孔向巷道掘进方向的投影长度（简称投影孔深）相等，则可在留足防突措施超前距并采取安全防护措施的条件下掘进。当检验孔的投影孔深小于防突措施钻孔时，则应当在留足所需的防突措施超前距并同时保留有至少 2 m 检验孔投影孔深超前距的条件下，采取安全防护措施后实施掘进作业。

三、采煤工作面防突措施的效果检验

对采煤工作面防突措施效果的检验应当参照采煤工作面突出危险性预测的方法和指标实施。但应当沿采煤工作面每隔 10 ~ 15 m 布置一个检验钻孔，深度应当小于或等于防突措施钻孔。

采煤工作面前方的应力集中区一般从工作面前方 1 ~ 3 m 处开始，距工作面 1 ~ 3 m 之内的煤层处于卸压状态，具有阻挡发生煤与瓦斯突出的作用，为打钻等防突措施施工提供安全屏障。所以为安全起见，采煤工作面推进时必须在巷道轴线方向留有不小于 3 m 的措施孔超前距和不小于 2 m 的检验孔超前距。

当检验结果措施有效时，若检验孔与防突措施钻孔深度相等，则可在留足防突措施超前距并采取安全防护措施的条件下回采。当检验孔的深度小于防突措施钻孔时，则应当在留足所需的防突措施超前距并同时保留有 2 m 检验孔超前距的条件下，采取安全防护措施后实施回采作业。

【实例一】 某矿区域防突措施效果检验

1. 概况

某矿井四水平 17 层一段总机道施工时，测定煤层瓦斯压力为 0.7 MPa，在底板岩巷总机道里布置穿层钻孔预抽 17 号煤层瓦斯，经过 72 个月的抽采，累计抽采瓦斯量为 3760000 m³。

2. 效果检验孔布置

四水平南 17 层一段总机道向机道施工穿层钻孔进行效果检验时，共布置 6 组 21 个钻孔，每隔 50 m 布置一个检验孔。钻孔呈扇形布置，钻孔落点控制在一段机道上帮轮廓线、下帮轮廓线以外各 15 m 范围以内，钻孔长度为 30 ~ 60 m，钻孔角度为 15° ~ 38°。顺层钻孔在设计机道内，由设计开切眼向设计终采线方向沿走向每隔 50 m 范围内施工一个检验孔，钻孔平行于开切眼布置，落点煤层中，钻孔长度为 20 ~ 60 m，钻孔角度为 35°。图 9－1 所示为该矿 17 层穿层钻孔效果检验平面图，图 9－2 所示为该矿 17 层穿层钻孔效果检验示意图。

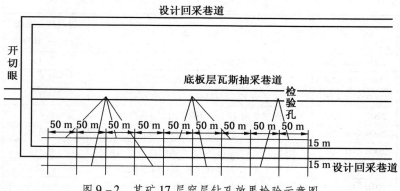

图 9－2 某矿 17 层穿层钻孔效果检验示意图

对穿层钻孔预抽煤巷条带煤层瓦斯区域防突措施进行检验时，在煤巷条带每间隔50 m布置1个检验测试点，如图9-3、图9-4所示。

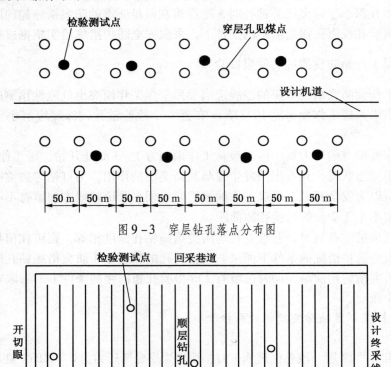

图9-3　穿层钻孔落点分布图

图9-4　顺层钻孔落点平面图

3. 实施效果

通过穿层钻孔预抽，煤层残余瓦斯压力为0~0.3 MPa，详见煤层残余瓦斯压力统计表（表9-1）。

表9-1　某矿四水平17层1—4区一段测压表

编测点编号	时　间	地　　点	煤层残余瓦斯压力/MPa	标高/m
原测点	2007 - 06 - 26	四水平17层中部区S部总机道2号钻场	0.7	-381.4
原测点	2007 - 08 - 20	四水平17层三区一段机道走向反上	0.6	-384.4
原测点	2007 - 08 - 26	四水平南17层三四区一段机道停采石门	0.7	-384.8
原测点	2007 - 10 - 13	四水平南17层三四区一段回风石门	0.4	-382.0
原测点	2008 - 04 - 20	四水平中17层南部1—4区一段机四石门	0.6	-380.8
原测点	2008 - 04 - 30	四水平中17层南部1—4区一段机三石门	0.1	-360.5
1	2010 - 03 - 03	四水平17层中部区南部一段总机道	0.22	-384.4
2	2010 - 03 - 03	四水平17层中部区南部一段总机道	0.15	-384.4

表 9-1（续）

编测点编号	时　间	地　点	煤层残余瓦斯压力/MPa	标高/m
3	2010 - 03 - 03	四水平 17 层中部区南部一段总机道	0.18	- 384.4
4	2010 - 03 - 03	四水平 17 层中部区南部一段总机道	0.18	- 384.4
5	2010 - 03 - 06	四水平 17 层中部区南部一段总机道	0	- 383.8
6	2010 - 03 - 06	四水平 17 层中部区南部一段总机道	0.2	- 383.8

【实例二】 某矿立井揭煤工作面防突措施效果检验

1. 概况

该矿井由地面施工回风立井井筒，位置在三水平南二石门以东，地面标高为 342 m，井筒长 422 m，井筒直径为 7 m，断面面积为 38.5 m²，由地面往下施工井筒与三水平南二石门 -80 m 风道贯通。回风立井施工到 -4.5 m 标高（距地面 346.5 m）时，预计前方 5.1 m 揭 27 号煤层，打超前钻孔发生喷孔现象，由防突办取样测定 27 号层煤层瓦斯含量为 8.68 m³/t，钻屑瓦斯解吸指标值 Δh_2 为 170 Pa（湿煤样）。

2. 消突钻孔布置

采取卸压抽放钻孔防突措施施工，抽放钻孔最小控制范围保证控制范围的外边缘到巷道轮廓线的最小距离不小于 5 m。预计可抽采瓦斯量为 13248 m³。采用一台 MKQJ120/40 - HT 型潜孔钻机施工抽放钻孔，开孔间距为 0.8 m，最外圈钻孔控制到煤层底板井筒轮廓线外 5 m，其钻孔终孔穿透煤层底板 1 m，钻孔终孔间距按不大于 5 m 布置，钻孔直径为 ϕ90 mm，工作面布置 4 圈钻孔，共计施工了 67 个钻孔。

2 月 18 日开始施工抽放钻孔，施工期间采用自然排放法排放瓦斯，至 3 月 18 日钻孔全部施工完毕，共施工 29 天。经检测，残余瓦斯含量为 6.54 m³/t，Δh_2 湿煤样最大值为 40 Pa。施工钻孔期间共自然排放瓦斯 7900 m³。

3 月 20 日，在地面设抽放泵站，采用一台 2BEA - 303 - 0 型和一台 2BEA - 204 - 0 型瓦斯真空泵抽放瓦斯。符合抽放条件的钻孔共 51 个，抽放管路选用一趟 159 mm 钢管，钻孔每半小时进行一次排水，利用气水分离器将钻孔积水与瓦斯分离，抽放瓦斯 10373 m³。

3. 实施效果检验

在工作面施工了 4 个效果检验钻孔，对原煤瓦斯含量进行测试，四次检测后，Δh_2 湿煤样最大值为 40Pa，小于《防治煤与瓦斯突出规定》规定的临界值 160 Pa（湿煤样），残余瓦斯含量最大值为 3.7376 m³/t，小于分公司规定的临界值 5 m³/t，符合《防治煤与瓦斯突出规定》的小于 8 m³/t 规定。并且在施工钻孔期间没有瓦斯动力现象，该工作面已无突出危险。通过采用抽采钻孔、防突钻孔等手段，超前探明了井筒揭煤范围内的地质、瓦斯、煤层赋存情况，为采取针对性的防突技术措施提供了科学、可靠、及时的依据，确保了安全快速揭煤。

【实例三】 某矿煤巷掘进工作面防突措施效果检验

1. 概况

某矿自 1983 年 7 月第一次发生煤与瓦斯突出以来，至今已发生了 5 次，其中大型突出 1 次，小型突出 4 次，最大突出煤量为 627 t，涌出瓦斯量达 11830 m³，该矿为高瓦斯突出矿井。

2. 效果检验孔布置

由 41 号掘进队施工盆底区南翼 18 号层一段一分层刮板输送机道（图 9-5），在工作面软分层布置 3 个直径为 42 mm、孔深为 10 m 的效果检验孔（图 9-6、图 9-7），1 号钻孔位于巷道工作面中部，并平行于巷道前掘方向，2 号钻孔和 3 号钻孔距帮 0.5 m，施工时与巷道中线夹角为 25°，钻孔的终孔点控制到巷道轮廓线外 2~4 m 的煤层中。

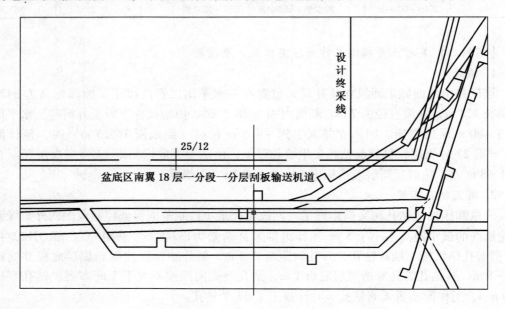

图 9-5　盆底区南翼 18 号层一段一分层刮板输送机道示意图

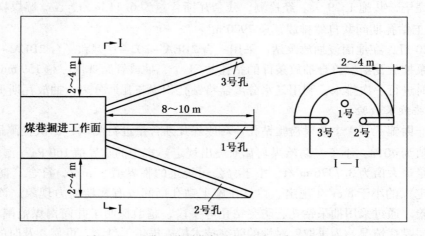

图 9-6　工作面钻屑指标法预测钻孔布置示意图

3. 实施效果

通过采用工作面钻屑指标法和复合指标法进行煤巷掘进工作面措施效果检验，钻屑瓦斯解吸指标 Δh_2 最大为 40 Pa，钻孔瓦斯涌出初速度 q 最大为 0.45 L/min，钻屑量 S 最大为 4.2 kg/m，各项指标均小于《防治煤与瓦斯突出规定》的指标临界值，且没有发现其他

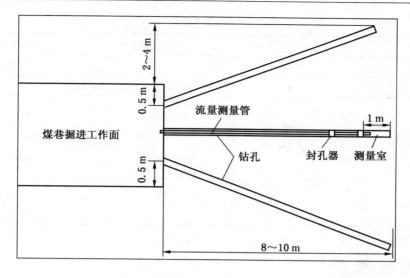

图9-7 工作面复合指标法预测钻孔布置示意图

异常现象。预测41号煤巷掘进工作面无突出危险性，因此41号煤巷掘进工作面防突措施有效，工作面可以继续施工。

各种指标测试结果详见预测预报措施效果检验报告单（表9-2）。

表9-2 某矿盆底区南翼15层一段一分层防突措施效果检验报告单

预测工作面	41号掘进工作面		预测时间		2008-12-25			地点			盆底区南翼18号层一段一分层刮板输送机道			
工作面距+280m机道距离				530 m				工作面具体位置			刮板输送机道开门80m			
预测及措施效果检验指标测定结果	钻孔孔深/m		2	3	4	5	6	7	8	9	10	最大值	钻孔动力现象			
													卡钻	喷孔	顶钻	其他
	1号孔（中孔）	S	3.6	2	3	2.5	3	3.2	3.4			3.6	无			
		q	0.36		0.28		0.38		0.34			0.38				
		Δh_2	30		40		40		40			40				
	2号孔（右孔）	S	3	2.5	3.4	2.2	3.8	4.2	3.7			4.2	无			
		q	0.38		0.25		0.42					0.42				
		Δh_2	20		20		30					30				
	3号孔（左孔）	S	4	1.5	3.5	2.5						3.5	无			
		q	0.34		0.45		0.42					0.45				
		Δh_2	30		30		30					30				
	临界值	钻屑量 $S/(\mathrm{kg \cdot m^{-1}})$		6	钻屑解析指标 $\Delta h_2/\mathrm{Pa}$				200（160湿）			钻孔涌出初速度 $q/(\mathrm{L \cdot min^{-1}})$			4.5	
	工作面瓦斯动力现象描述（瓦斯涌出异常、响煤炮、掉碴、片帮等）							工作面瓦斯无动力现象								

表 9-2（续）

煤层倾角/(°)	煤层厚度/m	软分层厚度/m	煤的破坏类型
10	14	0.5	Ⅲ
突出危险性结论	经打钻预测工作面 4 m 内无突出危险		
总工程师批示	张	通风区区长	侯
		防突技术区长	玲
预测人员	郭、马	填表人	张

复习思考题

1. 区域防治突出措施效果检验的方法主要有哪些？

2. 预抽煤层瓦斯的区域防突措施效果检验方法的各种临界指标分别是多少？

3. 采煤工作面的措施效果孔，应该怎么布置才合理？

4. 经局部防突措施效果检验后，证明该工作面无突出危险性，是否可以不采取安全防护措施作业？

第十章 安全防护与管理措施

知识要点

☆ 掌握防治煤与瓦斯突出安全防护措施，包括避难硐室、隔离式自救器、压风自救装置和急救袋、反向风门、挡栏、远距离爆破等措施

☆ 掌握安全管理措施，包括防治煤与瓦斯突出的组织管理措施、技术管理措施和现场管理措施

☆ 熟练掌握瓦斯地质资料、煤与瓦斯突出资料收集和整理的方法及要求

第一节 安全防护措施

为防止突出预测失误或防治突出技术措施失效而采取一种安全保护措施，以避免发生意外的瓦斯灾害，称为安全防护措施。安全防护措施包括：避难硐室、反向风门、风筒逆止阀、远距离爆破、压风自救系统、隔离式自救器等。

安全防护措施可分为三部分：一是尽量减少工作人员在落煤时与工作面的接触时间，主要措施有远距离爆破等；二是突出后工作人员应有的一套完整的生命保证系统，主要有避难硐室、隔离式自救器、压风自救装置和急救袋等；三是突出后防止灾害扩大装置，主要有反向风门、挡栏等。

一、避难硐室

井下避难硐室是井下发生灾害事故后，人员无法撤离灾区时的避难场所。井下避难硐室可分为永久性避难硐室和临时性避难硐室两种。为保障采区内作业人员安全，突出煤层采区必须设置采区避难硐室。采区避难硐室应设于采区进风侧安全出口的路线上，具体位置根据实际情况确定。

应当符合下列要求：

（1）避难硐室设置向外开启的隔离门，并按照反向风门标准安设。室内净高不得低于 2 m，深度满足扩散通风的要求，长度和宽度应根据可能同时避难的人数确定，但至少能满足 15 人避难，且每人使用面积不得少于 0.5 m²。避难硐室内支护保持良好，并设有与矿（井）调度室直通的电话。

（2）避难硐室内放置足量的饮用水、安设供给空气的设施，每人供风量不得少于 0.3 m³/min。如果用压缩空气供风时，设有减压装置和带有阀门控制的呼吸嘴。

（3）避难硐室内应根据设计的最多避难人数配备足够数量的隔离式自救器。永久避

难硐室事先构筑在井底车场附近、采区进风侧、采掘工作面附近等地点。临时避难硐室利用独头巷道、硐室由避难人员临时建造。

二、反向风门

反向风门的作用是在爆破时关闭风门，防止突出时的瓦斯逆流进入进风巷道，涌入其他区域引发瓦斯灾害。

反向风门的设置及要求如下：

（1）在突出煤层的石门揭煤和煤巷掘进工作面进风侧，必须设置至少 2 道牢固可靠的反向风门，风门之间的距离不得小于 4 m。反向风门和防逆流装置示意图如图 10－1 所示。

（2）反向风门距工作面的距离和反向风门的组数，应当根据掘进工作面的通风系统和预计的突出强度确定，但反向风门与工作面回风巷之间的距离不得小于 10m，与工作面的最近距离一般不得小于 70 m，如小于 70 m 时应设置至少 3 道反向风门。

（3）反向风门墙垛可用砖、料石或混凝土砌筑，嵌入巷道周边岩石的深度可根据岩石的性质确定，但不得小于 0.2 m，墙垛厚度不得小于 0.8 m。在煤巷构筑反向风门时，风门墙体四周必须掏槽，掏槽深度为见硬帮硬底后再进入实体煤不小于 0.5 m。通过反向风门墙垛的风筒、水沟、刮板输送机道等，必须设有逆向隔断装置（图 10－2、图 10－3）。

（4）人员进入工作面时必须把反向风门打开、顶牢；工作面爆破和无人时，反向风门必须关闭。

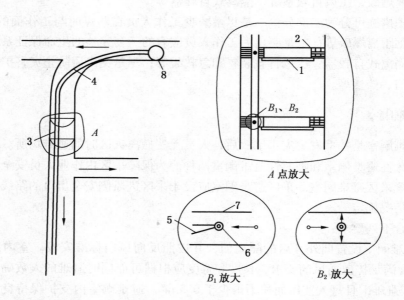

1—木质带铁皮风门；2—风门垛；3—铁风筒；4—软质风筒；5—防止瓦斯逆流装置；
6—防止瓦斯逆流铁板立轴；7—定位圈；8—局部通风机；B_1—正常通风时防止瓦斯逆流
铁板位置；B_2—突然逆风时防止瓦斯逆流铁板位置

图 10－1　反向风门和防逆流装置示意图

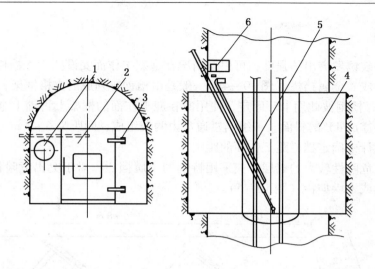

1—附有防逆流装置的铁风筒；2—反向风门；3—铰页座；4—墙垛；5—油缸；6—泵站

图 10-2　液压反向风门结构示意图

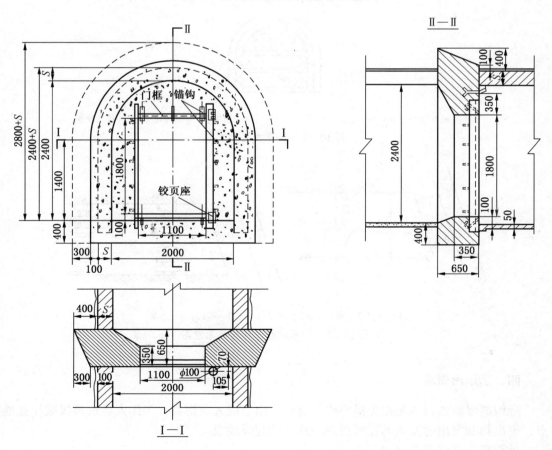

图 10-3　木质反向风门结构示意图

三、挡栏

为降低爆破诱发突出的强度，可根据情况在炮掘工作面安设挡栏。挡栏可用金属、矸石或木垛等构成。金属挡栏（图 10 – 4）一般是由槽钢排列成的方格框架，框架中槽钢的间隔为 0.4 m，槽钢彼此用卡环固定，使用时在迎工作面的框架上再铺上金属网，然后用木支柱将框架撑成 45°的斜面。一组挡拦通常由两架组成，间距为 6 ~ 8 m。可根据预计的突出强度在设计中确定挡栏距工作面的距离。

对于突出危险性较大的煤层，应采用特别的金属挡栏；对于突出危险性较小的煤层，可采用矸石堆或木垛挡栏（图 10 – 5）。

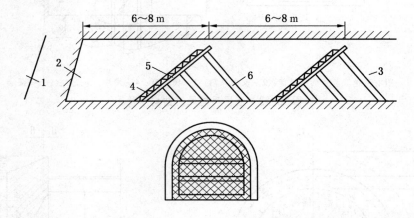

1—突出危险工作面；2—掘进工作面；3—石门；4—框架；5—金属网；6—斜撑木支架

图 10 – 4　金属挡栏示意图

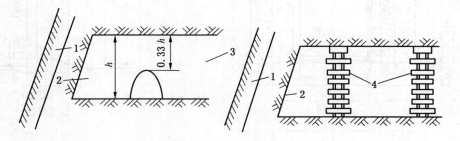

1—突出危险煤层；2—掘进工作面；3—石门；4—木垛

图 10 – 5　矸石堆和木垛挡栏示意图

四、远距离爆破

远距离爆破的目的是避免揭煤或落煤时突出造成人员伤亡，工作人员远离爆破作业地点，突出物和突出时发生的瓦斯逆流波及不到起爆地点。

远距离爆破应符合以下要求：

（1）井巷揭穿突出煤层和突出煤层的炮掘、炮采工作面必须采取远距离爆破安全防护措施。

（2）石门揭煤采用远距离爆破时，必须制定包括爆破地点、避灾路线及停电、撤人和警戒范围等的专项措施。

（3）在矿井尚未构成全风压通风的建井初期，在石门揭穿有突出危险煤层的全部作业过程中，与此石门有关的其他工作面都必须停止工作。在实施揭穿突出煤层的远距离爆破时，井下全部人员必须撤至地面，井下必须全部断电，立井口附近地面20 m范围内或斜井口前方50 m、两侧20 m范围内严禁有任何火源。

（4）煤巷掘进工作面采用远距离爆破时，爆破地点必须设在进风侧反向风门之外的全风压通风的新鲜风流中或避难硐室内，爆破地点距工作面的距离由矿技术负责人根据曾经发生的最大突出强度等具体情况确定，但不得小于300 m；采煤工作面爆破地点到工作面的距离由矿技术负责人根据具体情况确定，但不得小于100 m。

（5）远距离爆破时，回风系统必须停电、撤人。爆破后进入工作面检查的时间由矿技术负责人根据情况确定，但不得少于30 min。

五、压风自救装置的设置

突出煤层的采掘工作面应设置工作面避难硐室或压风自救系统。一般应根据具体情况设置其中之一或混合设置，但掘进距离超过500 m的巷道内必须设置工作面避难硐室。

压风自救系统应当达到下列要求：

（1）压风自救装置安装（图10-6）在掘进工作面巷道和回采工作面巷道内的压缩空气管道上。

（2）距采掘工作面25~40 m的巷道内、爆破地点、撤离人员与警戒人员所在的位置以及回风巷有人作业处，都应至少设置一组压风自救装置。在长距离的掘进巷道中，应根据实际情况增加设置。

（3）每组压风自救装置应可供5~8人使用，平均每人的压缩空气供给量不得少于0.1 m³/min。

压缩空气管路系统内压缩空气压力和流量较高，须经过减压、节流使其达到适宜人体呼吸的压力和流量值，同时消除噪声和净化空气问题。通过可调式气流阀调节节流面积，适应不同供风压力下流量要求，供风量不小于100 L/min。

采煤工作面的压风自救装置固定在采空区一侧，供风压为0.2~0.24 MPa，经过滤净化后进入送风器。供风主管采用有双层金属包皮的软管，每隔9 m有一个送风器，供风量为30 L/min。

为保证压风自救系统供风可靠，系统最好采用同时与进风巷、回风巷压风管路连接的连环方式。

综采工作面的压风自救装置由自救装置、管路、放水器、气水分离器组成。主管采用气压胶管，设在液压支架两个立柱后面的底座上，自救装置和支管安装在液压支架顶部，主管及自救装置随移架前移。放水器放管路中的水，气水分离器过滤管路中的油蒸气及铁锈渣。过滤干净的压风经支管进入压风自救装置（图10-7）。

高档普采工作面的压风自救装置，主管采用钢丝编织的高压胶管，敷设在刮板输送机采空区侧的电缆槽内，不随机前移，支管通过自封快速接头与主管连接，以便于回柱时人工将自救装置转移至靠煤壁一排单体液压支柱上（图10-8）。

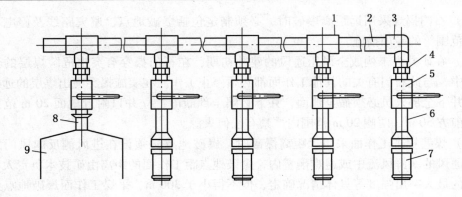

1—三通；2、6—气管；3—弯头；4—接头；5—球阀；7—自救器；8—卡子；9—防护袋

图 10-6　压风自救系统安装图

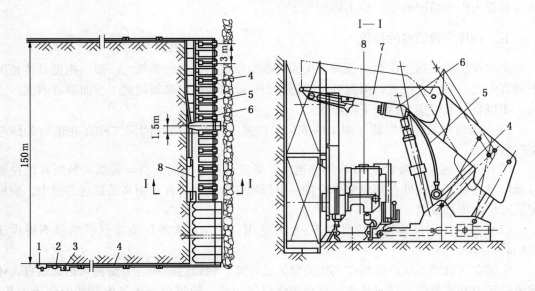

1—阀门；2—放水器；3—气水分离器；4—主管；5—支管；6—压风自救装置；7—支架；8—采煤机

图 10-7　综采工作面压风自救系统安装布置图

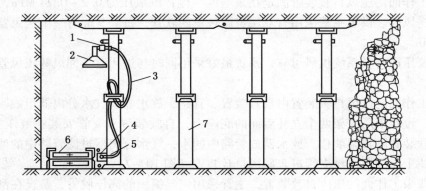

1—挂钩；2—送风器；3—支胶管；4—三通；5—快速接头；6—刮板输送机；7—单体液压支柱

图 10-8　机采工作面压风自救系统安装布置图

第二节　防突安全管理措施

在开采突出煤层时，除必须采取防治突出措施以及避免人身事故的综合措施外，还必须加强管理，以保证防治突出的各项综合措施的实施。加强管理工作主要从组织管理、技术管理和现场管理三个方面采取一系列措施，制定并严格执行计划、技术、财务、器材供应、监督检查等方面有关防治突出的各种管理制度。

一、组织管理措施

1. 认真落实各级人员的责任制

有突出矿井的煤矿企业负责人及突出矿井矿长对防突管理工作负全面责任，应定期检查、部署防突工作，解决防突所需的人、财、物，保证防突工作的实施；煤矿企业、矿井技术负责人对防突工作负技术责任，负责组织编制、审批、检查防突工作规划、计划和措施；各分管负责人负责落实所分管的防突工作；安监部门负责监督检查。

煤矿企业、矿的各职能部门负责人对本职范围内的防突工作负责；区、队、班组长对管辖内的防突工作负直接责任；防突人员对所在岗位的防突工作负责。

2. 建立严密的防突组织机构和专业队伍

开采突出煤层的煤矿企业、矿都应设置专门机构，负责防突措施施工、突出指标检测，掌握突出动态和规律，填写突出卡片，积累资料，总结经验教训，制定防突措施。

3. 充分发挥各部门在防突工作中的作用

有突出矿井的煤矿企业和有突出煤层的矿井在编制年度、季度、月度生产建设计划的同时，必须编制年度、季度、月度的防突措施计划，计划内容应包括：保护层开采计划、抽放煤层瓦斯计划、石门揭穿突出煤层计划、采掘工作面局部防突措施（防突措施的工程量、完成时间、所需设备、资金、劳动力等）。

4. 建立健全各项规章制度

编制各部门、各层次人员的防突责任制；建立打钻、抽放、防突管理办法、制度，矿井防突实施细则及相应各工种操作规程；建立防突奖惩制度。

二、技术管理措施

（1）认真执行"四位一体"的综合防突措施，开采突出煤层时，必须采取包括突出危险性预测、防治突出措施、防治突出措施的效果检验、安全防护措施的"四位一体"综合措施。在采取防突措施时，应优先选择区域性防突措施，如果不具备区域防突条件时，必须采取局部防突措施。

（2）编制突出煤层防突的专门设计。新建矿井的初步设计或有突出矿井新水平、新采区设计中对突出煤层都必须编制防突的专门设计。

（3）优化采掘部署，减少防突工程量和瓦斯灾害的概率，突出矿井的巷道布置应符合下列要求：①主要巷道应布置在岩层或非突出煤层中；②煤层巷道应尽可能布置在卸压范围内，如采用沿空留巷或沿空送巷、被保护层保护范围等；③井巷揭穿突出煤层的次数应尽可能减少；④井巷揭穿突出煤层的地点应避开地质构造破坏带；⑤突出煤层中的掘进工程量应尽可能减少；⑥开采保护层的矿井，应充分利用被保护层的保护范围；⑦井巷揭穿突出煤层前，必须具有独立的、可靠的通风系统；⑧在突出煤层中，严禁任何两个采掘工作面之间串联通风及相向采掘。

（4）把好安全防护措施关。突出危险工作面经采取防突措施、效果检验后，要认真采用安全防护措施施工。

（5）加强地测工作。地测工作是防治突出工作的基础，防治措施选择的正确与否，取决于对煤层赋存状况、瓦斯状况和地质构造等自然因素的了解和掌握。要把地测部门经过大量观测所收集的瓦斯地质资料和编制的瓦斯地质图作为防突工作的重要依据。因此，地测工作是防治突出工作的基础。

（6）依靠科技进步搞好防突工作。针对防突的难点、疑点，组织工程技术人员和职工协同攻关，每年在制订矿井科研计划时，以防突为重点，加强瓦斯监测并装备先进的防突设备仪器、仪表。

三、现场管理措施

除了采取"四位一体"的综合防突措施外，还应强调现场管理工作，使防突工作落实到生产第一线。

1. 做好现场人员培训

突出矿井的管理人员和井下作业人员，都必须接受防突知识培训和自救、互救知识培训，熟悉突出的预兆和防突的基本知识，经考试合格后方准上岗，培训时间不少于 1 个月。

2. 加强防突措施的施工管理

在突出矿井中，有些突出是采取了防突措施后发生的，其原因大部分是未按措施要求或执行措施打折扣、弄虚作假造成的，因此必须加强施工管理。

采掘工作面所有施工人员都必须掌握防突、措施的内容及要求，有专人负责并有责任分工制度。施工现场必须有防突措施牌板（包括施工地点的煤层剖面、钻孔布置、措施内容、工艺要求、进度记录等）、措施施工记录、检查分析等。对措施的每个环节都必须逐一进行落实，层层落实，确保防突措施实施有效。

3. 加强采掘工作面的管理

采掘工作必须紧密配合防突措施的实施，工作面的支护形式、采掘机械的使用、推进度等都必须和施工阶段的煤层瓦斯涌出状况和动力征兆相适应，避免由于采掘工作的盲目进行而酿成事故。如工作面瓦斯涌出量增大或有瓦斯动力现象征兆，应相应的改变作业方式、支护形式及工作面推进度等来控制突出的发生。

4. 加强瓦斯地质工作管理

瓦斯地质现场管理工作在突出矿井中极为重要。采掘工作面开工前，必须有包括瓦斯地质在内的地质说明书。瓦斯地质资料是采掘工作面作业规程编制的重要依据。搞好地质预报，要提前通知施工部门注意工作地点前方可能出现的地质构造和瓦斯涌出情况，并报告矿总工程师。制定出相应的措施，保证安全施工。

每次突出后，必须配合防突专职人员进行现场调查，做好详细记录，收集资料，准确填写突出记录卡片。

5. 加强爆破管理

从突出发生的情况分析，80%的突出是爆破诱导的，因此爆破管理是防突工作的重要一环。首先，爆破地点及撤人断电范围要根据不同地点、不同突出危险程度区别对待，并在相关规程措施中明确，其次，要对爆破参数进行专门设计且编制爆破说明书，对炮眼数量、孔径、孔距、孔深、角度、装药量、起爆材料、起爆顺序、连线方法、发爆器选型、爆破地点等加以规定。

远距离爆破防突措施中，还要确定撤人、停电范围。撤人停电工作要有严格的组织程序，同时也包括恢复送电、恢复生产的工序。

总之，开采突出煤层时，必须采取综合防突措施和严格的管理制度，在安全生产的前提下，达到技术合理，措施得力，保证正常生产秩序，取得良好的经济效益。

第三节　瓦斯地质资料和突出资料的整理

瓦斯地质和煤与瓦斯突出有密不可分的联系，通过瓦斯地质工作，能了解控制煤与瓦斯突出的地质因素，为防治煤与瓦斯突出提供依据。

一、瓦斯地质资料收集的内容

（一）实施防突措施过程中的资料收集

（1）全部钻孔的开孔位置，包括距控制点（防突基点）的距离、距巷道两帮的距离和开孔的高度；竣工钻孔的方位和倾角（图表结合）。

（2）煤层的倾角、倾向、地质构造的产状、形态和落差，煤层厚度、软分层厚度和破坏类型。

（3）现场施工的素描图，包括钻孔位置、煤层位置、构造形态等内容。

（4）钻孔的长度、钻进长度内出现的喷孔、垮（塌）孔和顶（卡）钻现象；钻孔喷煤时喷出的距离；实施防突措施前后和实施过程中的瓦斯变化情况。

（5）钻孔钻不到位的原因。

（二）发生突出事故后的资料收集

（1）收集突出工作面进、回风巷道和突出孔口、孔内的瓦斯浓度。

（2）突出抛出的煤炭的距离、堆积高度和形态，并测量煤炭堆积角度。

（3）观察所抛出的煤有无分选性以及分选堆积情况，特别注意观察有无煤粉及煤粉厚度和位置。

（4）巷道支护的破坏范围和破坏形态。

（5）突出对其他设备、设施的破坏和影响情况。

（6）突出孔洞的位置、孔洞的轴线方位和倾角，突出孔洞的形态、大小、深度和高度等。

（7）突出点附近的煤层产状（倾向、倾角）、结构、厚度、软分层厚度等。

（8）突出孔邻近煤层的松软煤体范围和煤体内的空隙、缝隙宽度、长度、方位等。

（9）在收集资料做好记录的同时，应绘制素描图。

二、突出资料的整理

收集突出资料后，按《防治煤与瓦斯突出规定》中要求，将资料整理成台账或卡片，并绘制成图纸，以作为突出档案长期保存和进行突出原因的分析、突出事故的处理依据，为在采掘生产活动中编制防突措施提供科学依据。

（一）突出资料的整理

1. 突出煤量计算

（1）利用突出孔洞的几何形状计算出突出煤的体积，再乘以煤的密度。

（2）利用突出所抛出的煤在巷道中堆积的形态（长度、高度）计算出体积，再乘以松散煤的密度。

（3）利用突出后清理突出煤体的装车车数，计算出突出煤量。

2. 突出瓦斯量

突出瓦斯量是指工作面发生突出后所增加的瓦斯涌出量。

计算突出瓦斯量时，利用瓦斯监测仪，提取突出工作面回风流的瓦斯浓度和测定的风量进行计算。若工作面回风流的瓦斯监测仪被损坏，可利用该采区或矿井回风流的瓦斯监测仪和该采区或矿井回风量进行计算。计算时，从发生突出开始至瓦斯浓度下降到突出前工作面的正常瓦斯浓度的这段时间的瓦斯量减去工作面这段时间内正常瓦斯涌出量。瓦斯量按下式计算：

$$瓦斯量 = 风量 \times 瓦斯浓度$$

3. 建立突出台账

突出台账主要包括以下内容：突出时间，突出点位置（突出地点距石门或主要巷道的距离），突出点坐标，突出类型（突出、喷出或压出），突出煤量，突出瓦斯量，突出煤层名称，突出伤亡情况，该煤层累计突出次数，突出前工作面使用的作业工具，突出前采取的防突措施，突出地点的煤层倾角、厚度、软分层厚度。

4. 建立突出卡片

突出卡片除有突出台账的内容外，还应有突出前工作面的瓦斯浓度、风量、突出后瓦斯浓度随时间的变化情况、煤种类型、顶（底）板岩性、邻近煤层和邻近区域开采情况、地质构造叙述、工作面支护形式、空顶距离、支架间距、支护质量、工作面通风方式、突出前工作面瓦斯涌出量、突出前采取的防突措施、突出预兆、突出前及突出时发生过程的描述、突出点距地表的垂直深度、巷道类型、突出孔洞形状、轴线方向、轴线倾角、突出煤抛出距离及堆积角、突出煤的粒度分级堆积情况、突出地点附近围岩及煤层破碎情况、动力效应（支架及其他物体破坏情况）、突出孔洞及附近煤层平面和剖面图、突出煤堆积的平面和剖面图等。

5. 进行矿井突出汇总统计

突出较为严重的矿井，应对所有的突出进行汇总，并建立矿井突出汇总表。从表中能清晰地看出每年矿井发生突出的次数，各煤层发生突出的次数，回采、掘进及上山发生的突出次数等。能为矿井宏观掌握突出情况、分析突出原因、采取针对性防突措施进行综合评价。

（二）突出资料的分析

发生煤与瓦斯突出后，必须对突出原因进行分析，以便吸取教训，对下一步的采掘活动采取针对性防突措施。

在分析突出原因时，应从全方位考虑与突出有关的问题，最后得出分析结果。突出原因应从以下 8 个方面进行分析：

1. 区域构造应力

发生突出的区域有无大构造（向斜、背斜及断层等）存在，突出点在构造部位的位置，煤层走向或倾斜方向有无区域性的较大变化，区域内小构造是否复杂，区域两翼有无大构造。最后得出区域内是否存在构造应力和产生构造应力方向的结论。地质构造区的压应力和扭应力是最容易引起突出的构造应力，同时区域内复杂的小构造形成的构造应力也容易引发突出。

2. 区域矿山压力和采动应力

（1）突出部位垂直于地表的岩石厚度越厚，矿山压力越大，越容易发生突出。

（2）采煤工作面发生突出的部位邻近煤层或本煤层有无已停采和停掘的工作面，突出部位是否在采动应力的影响范围内。

对工作面前方的应力影响范围应进行实测，若未进行实测，可参考以下数据进行考虑：采煤工作面前方应力逐渐上升，至 30 m 时为最大值，30 m 后逐渐下降，至 120 m 时恢复到原始应力值；掘进工作面前方 4~6 m 为应力最大值，以后逐渐下降，至 10~12 m 时恢复到原始应力值。

采动应力影响范围最容易发生突出，特别是应力高峰值部位更易发生突出。

3. 邻近工作面突出情况

突出工作面两翼和上、下部的本煤层和邻近煤层是否发生过突出；突出点与构造的关系，构造延展与工作面突出点的关系。

4. 煤体结构对比

突出点煤体与工作面正常地带的煤体结构（煤层厚度、各分层厚度、煤的光泽度、煤受破坏的类型等）是否存在差异。

5. 构造情况

突出点部位有无地质构造存在，地质构造的形态，突出点位于构造部位的位置，地质构造的延展方向，突出点及邻近煤层的走向和倾角的变化情况。

6. 防突措施

突出前实施的防突措施，包括突出前 1~3 个循环实施防突措施的突出危险性预测、防突措施的效果检验、防突措施的控制范围、实施防突钻孔时的异常情况及煤层结构、地质变化等。

7. 突出前的作业方式

落煤工具、炮眼个数和深度、装药量和支护情况等。

8. 发生突出的过程

突出前工作面出现的异常情况、突出后煤炭抛出情况和瓦斯涌出量等情况。

复习思考题

1. 安全防护措施包括哪些?
2. 突出煤层煤巷掘进爆破地点应设在什么地方，对爆破距离有什么要求?
3. 简要说明安全防护措施的必要性?
4. 防治煤与瓦斯突出现场管理措施有哪几个方面?
5. 瓦斯地质资料的相关内容有哪些?
6. 突出后主要收集的资料内容有哪些?

第十一章　突出预测仪器、设备

知识要点

☆ 熟练掌握煤层瓦斯含量、瓦斯压力、瓦斯吸附常数、瓦斯放散初速度、煤的坚固性系数等的测定方法

第一节　防突实验室仪器的配备

防突实验室围绕矿井基本参数测定为核心内容进行建设，建立一整套具备进行瓦斯基本参数技术研究的实验平台和装备支撑体系。在分析当前瓦斯灾害现状与防治技术发展趋势和现有实验室条件的基础上，本着先进、实用和经济的原则，通过配备相关测定装置及仪器的方式使实验室的功能满足瓦斯参数技术研究的需要。防突实验室仪器的装备如下：

1. 瓦斯吸附装置

瓦斯吸附装置用于瓦斯吸附常数 a、b 值测定，通过井下实测的煤层瓦斯压力结合瓦斯吸附常数 a、b 值、工业分析和煤的孔隙率可以用来计算煤层的瓦斯含量。测定的吸附常数 a、b 值反映了煤层瓦斯解吸特征和最大可解吸瓦斯量，是瓦斯含量直接测定法及瓦斯压力间接测定法的必备数据（图 11-1）。

图 11-1　HCA 型高压容量法瓦斯吸附装置

2. 瓦斯含量直接测定装置

瓦斯含量直接测定装置是一套井下和实验室结合使用的直接测定煤层瓦斯含量的装置，装置可在 8 h 内完成煤层瓦斯含量测定。测定的煤层中瓦斯主要由取样阶段煤样损失瓦斯量 Q_1、粉碎前自然解吸瓦斯量 Q_2、粉碎后自然解吸瓦斯量 Q_3、常压不可解吸瓦斯量

Q_4 四部分组成（图 11 -2）。

图 11 -2　DGC 型瓦斯含量直接测定装置

3. 瓦斯放散初速度测定装置

该装置主要用于测定煤层瓦斯突出基本指标——瓦斯放散初速度指数 Δp，一般与测定煤层坚固性系数相配套，结合煤层原始瓦斯压力、煤体破坏类型等指标，可对煤层突出危险性进行评价，也可用于煤层区域突出危险性的综合指标测算（图 11 -3）。

4. 煤的坚固性系数测定装置

该装置用于测定煤的坚固性，是判定煤层突出危险性的一项重要指标，结合其他基本指标对煤层突出危险性进行评价（图 11 -4）。

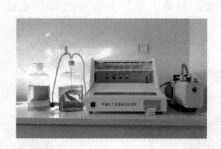

图 11 -3　WFC -2 型瓦斯放散初速度测定装置　　　图 11 -4　煤的坚固性系数测定装置

5. 煤样制样装置

该装置制备不同粒径煤样，用于 HCA -1 型高压容量法吸附装置吸附常数 a、b 值的测定，瓦斯放散初速度 Δp 测定等。

第二节　防突预测仪器的应用

《防治煤与瓦斯突出规定》要求，煤矿防突工必须要学习各种预测指标的方法，如钻屑瓦斯解吸指标法 Δh_2、K_1 和 S_{max}（钻屑量）、钻孔瓦斯涌出初速度法、瓦斯含量井下直接解吸的方法等。

一、TYC－10 型瓦斯突出预测仪

1. 测定前准备

按说明书要求将瓦斯突出预测仪（图 11－5）充足电，并试操作一遍，确认无问题后，带仪器下井工作；到达现场后，仪器放置要平稳，人员分工明确。

2. 操作步骤

（1）接通电源，预热约 10 min，并将仪器调零。

（2）向仪器内输入本矿 K_1 值和 S_{max}（钻屑量）的临界指标数据。

图 11－5　TYC－10 型瓦斯
突出预测仪

（3）在煤层内选择好钻孔位置，用风动钻机打眼，按要求每钻进一定深度测定 K_1 值和钻粉量。

（4）测定时，用 1～3 mm 的筛子筛取煤样，将筛好的煤样倒入煤样罐，盖好罐盖，打开盖上排气开关。1～2 min 后，扭紧排气开关，同时按下采样键，仪器即进入自动测量阶段。

（5）5 min 后，输入取样时间数据，按监控键，再输入钻孔长度数据，再按监控键，则仪器计算并显示 K_1 值。然后倒掉煤样，再进行下一个煤样的测定。

（6）全部煤样的值测完后，按预报键，输入 S_{max} 值，再按监控键，仪器将自动显示突出危险性等级。

（7）井下全部煤样（不超过 25 个煤样）测完后，按仪器说明书规定的方法关机。

3. 注意事项

（1）应严格按说明书进行操作。

（2）仪器长期不用时（10 d 以上），必须每 10 d 充一次电。

（3）必须对每次测定结果作系统整理、分析，并将测定结果及时送交领导审阅。

二、MD－2 型煤钻屑瓦斯解吸仪

在井下不对煤样进行人为脱气和充气的条件下，MD－2 型煤钻屑瓦斯解吸仪（图 11－6），利用煤钻屑中残存瓦斯压力（瓦斯含量），向一密闭的空间释放（解吸）瓦斯，用该空间体积和压力（以水柱计压差表示）变化来表征煤样解吸出的瓦斯量。

1. 测定前准备

（1）给水柱计注水，并将两侧液面调整至零刻度线。

（2）检查仪器的密封性能。一旦密封失效，需更换新的 O 形密封圈。

（3）准备好配套装备，如秒表、分样筛等。

2. 操作步骤

（1）打开两通旋塞，将已采煤样的煤样瓶迅速放入解

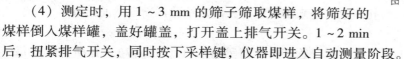

1—水柱计；2—解吸室；3—煤样罐；
4—三通活塞；5—两通活塞

图 11－6　MD－2 型煤钻屑
瓦斯解吸仪结构示意图

吸室中，拧紧解吸室上盖，打开三通螺旋塞，使解吸室与水柱和大气均连通，煤样处于暴露状态。

（2）当煤样暴露时间为 3 min 时，迅速逆时针方向旋转三通旋塞捏手，使解吸室与大气隔绝，仅与水柱计连通，开始进行解吸测定，并重新开始计时。

（3）在 2 min 时记录解吸仪的水柱计压差，该值即为 Δh_2，单位为 Pa。

3. 注意事项

为精确计算 Δh_2 值，可在每一个煤样解吸测定后，用胶塞或纸团将煤样瓶口塞紧，带到地面称量煤样质量（煤样处于自然干燥状态），然后按照计算公式对测定值进行修正。

三、JN – 1 型胶囊封孔器

JN – 1 型胶囊封孔器用于快速封闭钻孔，以便测定钻孔瓦斯涌出初速度，预测工作面煤和瓦斯突出危险性。该封孔器也可用来密封钻孔，测定钻孔瓦斯自然涌出量。

1. 封孔器构造

封孔器由胶囊、瓦斯排除管、充气管和打气筒等组成（图 11 – 7）。瓦斯排除管每节 1 m，共 10 节，封孔深度在 10 m 范围内可自由调节。

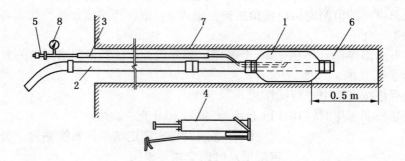

1—胶囊；2—瓦斯排除管；3—充气管；4—打气筒；5—阀门；6—测量室；7—钻孔；8—压气表

图 11 – 7　JN – 1 型胶囊封孔器构造和原理图

2. 操作步骤

（1）钻孔打到需测瓦斯涌出初速度长度时，立即拔出钻杆，将封孔器放入一定深度，使瓦斯涌出量测量室长度为 1 m。

（2）打开阀门，向胶囊打气，直至封孔器用手不能拔动为止，关闭阀门。

（3）接流量计测钻孔瓦斯涌出初速度。

（4）测定完毕后，打开阀门，使胶囊放气，抽出封孔器。

四、ZLD – 2 型钻孔多级流量计

ZLD – 2 型钻孔多级流量计用于测定煤层钻孔瓦斯涌出初速度，以预测工作面前方煤体的煤与瓦斯突出危险性和检验防止煤与瓦斯突出措施的防突效果，也可测定防突超前钻

孔的有效影响半径。

1. 原理和构造

该流量计采用喷嘴节流原理设计（图 11 - 8）。当气体流量过喷嘴时，流束的断面产生收缩，同时在喷嘴的两侧产生压差。流量越大，压差也越大。当压差一定时，喷嘴孔径越大，通过的气体流量也越大。流量计设计有 5 个不同孔径的喷嘴，更换不同孔径的喷嘴，可获得不同的流量测定范围。

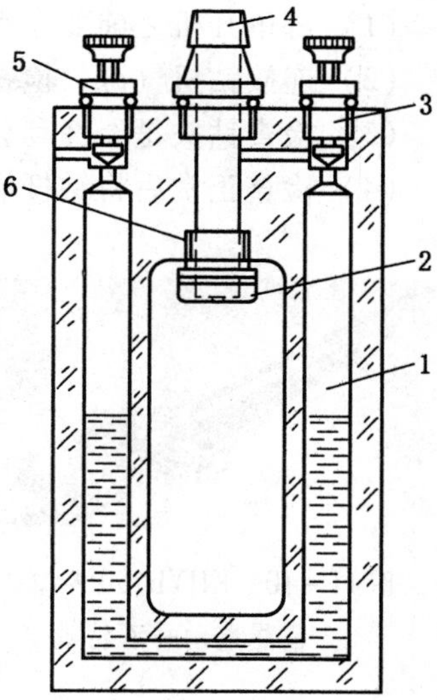

2. 操作步骤

在进行工作面煤与瓦斯突出危险性预测和防突措施效果检验时，钻孔打完后，迅速插入专用封孔器进行封孔。然后将封孔器排气管与流量计进气嘴用胶管连接，保持流量计水柱呈铅垂位置。此时，煤体排放的瓦斯经测量室、排气管、连接胶管、流量计喷嘴排出，在水柱计两侧产生压差。

3. 注意事项

（1）上述测定过程要求在 2 min 内完成。

（2）仪器所有 O 形密封圈必须有效密封。

（3）喷嘴应保持清洁，节流孔无杂物，保持气流畅通。

（4）测定时两通旋塞必须逆时针方向旋转到位，使其内部 $\phi 8 \times 1.9$ 规格 O 形密封圈有效密封。

1—水柱计；2—喷嘴；3—进气嘴；
4、5—旋塞；6—喷嘴底座

图 11 - 8　ZLD - 2 型钻孔多级
流量计结构示意图

第三节　防突预测常用钻机

《煤与瓦斯突出危险性区域预测方法》（GB/T 25216—2010）要求，如开拓工程已揭露煤层，取样方法为在煤层断面内尽量选取软分层；如没有软分层，则沿煤层断面上、中、下各取煤样混合在一起取样。如在钻孔中取样，则应采取粒度为 1 ~ 3 mm 的煤样。

图 11 - 9　ZQSJ - 90/2.4 型架柱
支撑动手持式钻机

一、ZQSJ - 90/2.4 型架柱支撑动手持式钻机

ZQSJ - 90/2.4 型架柱支撑动手持式钻机用于煤巷、半煤巷进行排水、排瓦斯等（图 11 - 9）。该钻机以压缩空气为动力，分别通过注油器、控气阀控制马达的回转。操纵控气阀，压缩空气驱动齿轮马达旋转，经两级减速后驱动主轴旋转，进而带动钻头工作。

1. 使用前准备

（1）有关人员要学习使用说明书，掌握钻机的性能、结构及操作方法。

（2）下井之前在地面进行试运转。

（3）建立钻机操作责任制，由专人操作。

2. 井下作业

（1）每班开机之前要检查油雾器中的油量，若发现油量不足应及时加油。

（2）连接钻机气源，检查供气系统。

（3）检查钻头是否锋利，钻杆是否弯曲。

（4）检查正常后将钻杆插入主轴中，握住右气阀手柄，钻杆顺时针旋转，开始钻孔。

图 11 - 10　KHYD75dIA 型矿用
隔爆电动岩石钻机

二、KHYD75dIA 型矿用隔爆电动岩石钻机

KHYD75dIA 型矿用隔爆电动岩石钻机用于矿井巷道掘进、道路修筑、水利建设、冶金采矿和石方工程的作业，也可在煤层中钻注水孔、探水孔和探放瓦斯孔（图 11 - 10）。该钻机的特点如下：

（1）钻机与钻架配合，可水平向前或倾斜向上、向下钻孔。

（2）为了延长钻头的使用寿命，改善操作者的劳动条件，钻机可采用湿式钻孔、混式钻孔水排粉，也可用螺旋叶片钻杆钻孔干式排粉。

（3）在作业中，只需操纵手轮，钻机即可自行推进和后退。

三、ZDY - 750 型煤矿用全液压钻机

ZDY - 750 型煤矿用全液压钻机主要用于井下钻进瓦斯抽（排）放孔、注浆防灭火孔、煤层注水孔、防突卸压孔、地质勘探孔等（图 11 - 11）。钻机主要由泵站、动力头、机架、立柱框架、操纵台和钻具六大部分组成。

钻机操作过程中的注意事项如下：

（1）钻机在钻孔过程中，动力头绝不能反转。

（2）注意各运动部件的温升情况。

（3）观察各压力表所提示的压力，判断钻机是否过载。

图 11 - 11　ZDY - 750 型煤矿
用全液压钻机

（4）观察钻机在钻进过程中的运动状态，若发现异常应停机检查并加以处理。

（5）各操作手把换向不能过快，以免造成液压冲击，损坏机件。

（6）观察油箱的油位，当油位下降到标定位以下时，应停机加油。

四、ZY - 2300 型煤矿用全液压钻机

ZY - 2300 型煤矿用全液压钻机主要用于煤矿井下钻进瓦斯抽（排）放孔、注浆防灭火孔、煤层注水孔、防突卸压孔、地质勘探孔及其他工程孔（图 11 - 12）。钻机主要由泵站、操纵台、动力头、座架、夹持器、立柱、钻具七大部分组成。

钻机操作中的注意事项如下：

（1）钻机在钻孔过程中，动力头绝不能反转。

（2）注意各运动部件的温升情况。

（3）观察各压力表所提示的压力，判断钻机是否过载。

图 11 - 12　ZY - 2300 型煤矿用全液压钻机

（4）观察钻机在钻进过程中的运动状态，若发现异常应停机检查并加以处理。

（5）各操作手把换向不能过快，以免造成液压冲击，损坏机件。

（6）观察油箱的油位，当油位下降到标定位以下时，应停机加油。

第四节　瓦斯吸附常数测定

瓦斯吸附常数是瓦斯突出参数中最重要的参数之一，是衡量煤吸附瓦斯能力大小的标志。目前，煤的瓦斯吸附常数测定与工业分析只能在实验室利用特殊的实验设备进行。

HCA 型高压容量法瓦斯吸附装置为全自动的电子式解吸装置，配套有高纯度甲烷气瓶、充气系统、真空干燥系统、电子天平、罗茨真空泵机组、真空脱气系统、恒温水浴箱、瓦斯吸附解吸系统和数据分析系统等装置，设备先进，准确度高，有自动测定、打印实验数据等功能。

一、试验前准备

（1）试验之前，首先要对吸附罐进行编号，然后对编完号的吸附罐在常压状态下进行空罐容积测定以及罐体与罐盖间的罐隙高度测定。

（2）采集煤层样品不得少于 2 ~ 3 kg，并有 5 块以上外径不小于 35 mm 的煤块，从采样运输到制备成实验煤样的时间不超过一个月。

二、试验方法与试验步骤

1. 称样

对盛装试样的煤样杯应预先编号，保存到干燥器中。称取试样前，应将煤样瓶适当旋转，使瓶中煤样混匀。

2. 烘干

将煤样杯中称好的煤样置于真空干燥箱内，启动真空泵开始脱气，当干燥箱内的真空度保持在 13 Pa 以下时，使煤样在恒温下烘干 6 h 左右取出，立即放入干燥器内冷却保存。

3. 装罐

烘干并冷却后的煤样应仔细装入有编号的吸附罐内，注意不得造成煤样的抛撒与损失，煤样装入吸附罐后要轻敲震平，并在上面铺盖一衬有薄层脱脂棉的铜网，以防脱气或解吸瓦斯时细煤末飞出。将高压瓦斯气体充入吸附罐中检查气密性，检查各接头位置及高压阀门口、螺钉处均不应有气泡冒出。

4. 脱气

关闭真空机组的大气连通阀，依次开启真空计电源和真空机组，旋转气路系统的玻璃活塞，然后缓慢打开吸附罐高压阀门进行脱气。脱气时间视不同煤样、煤样数量及泵的能力而定，但要求真空度小于 4 Pa 后至少再连续脱气 4 h。脱气完成后关闭吸附罐高压阀门，停止真空机组，并将真空机组与大气连通，关闭真空计。

5. 低压吸附试验

（1）用自高压纯瓦斯瓶的减压阀出口取一定量（约 200 cm³，气样袋应先用纯瓦斯反复清洗二次以上）瓦斯后，与低压吸附量管连接，上下移动水准瓶使瓦斯反复清洗量管及连接胶管三次以上，最后用升降器下移水准瓶使量管内吸入约 150 cm³ 的纯瓦斯。

（2）关闭吸附罐高压阀门，将充入瓦斯的量管和经过清洗的连接胶管与经过脱气的吸附罐相连。开启量管上部活塞使之处于与吸附罐相连通状态，移动水准瓶使水准瓶内的液面与量管内的液面保持一致，记录量管内的液面刻度，此刻度为量管初始体积。低压吸附不小于 8 h，即可认为达到了吸附平衡。达到平衡后移动水准瓶使水准瓶液面与量管内水面一致后，读取量管内液面的刻度，此刻度为量管结束体积。初始体积与结束体积之差即为吸附罐自量管内吸入的瓦斯气体体积。同时记录平衡时的室温及大气压力。

6. 高压吸附试验

（1）向完成低压吸附测定后的吸附罐内充入高压瓦斯，压力视试验要求而定，一般不应低于 4 MPa。

（2）高压吸附试验部分的瓦斯吸附平衡监测，使用配套的数据监测管理软件和数据采集仪共同完成。将充入高压瓦斯后的吸附罐连接好传感器后置于 30 ℃ 的恒温水浴槽内，用通信线缆把吸附罐上面的压力传感器和数据采集仪的信号输入端连接起来。达到吸附平衡时，逐次放出吸附罐中的高压瓦斯，同时记录各点吸附罐中每次相应放出的瓦斯量以及当时的室温和大气压力，然后把数据输入监测软件中。

三、注意事项

（1）在试验之前，一定要检查系统的气密性。

（2）吸附试验中吸附罐始终置于 30 ℃ 的恒温水浴中（吸附温度也可以视要求另选）。

（3）开关高压阀时吸附罐可自恒温槽内取出，但随后应立即放回恒温槽内。

（4）在低压吸附和高压吸附最后一点解吸气体时，应注意经常移动水准瓶，使之与量管内的液面保持一致（即使之与大气压力平衡），当读数时液面相差较大（水面 > 100 mm，水银 > 10 mm）时，至少应再使液面一致 0.5 h 后才允许读数。

（5）在进行脱气以及低压吸附试验时，应用一张标签贴在压力传感器上，这样可以防止恒温箱的水蒸气影响压力传感器。

四、检查及允许误差

（1）试验过程的原始数据应用专门的记录本详细记录，以备输入监测软件中。试验操作应由熟悉试验操作过程与计算的人员进行，并由同样熟悉操作的人员进行检查。

表 11 - 1　某矿高压容量法瓦斯吸附试验原始记录表
某煤矿试验测试报告单

测试项目：煤样瓦斯吸附常数

送样单位：某矿防突办　　　　　　　　　　　　　　　　　　　　　煤样编号：29 - 3 - 1

矿井名称：某煤矿　　　　　　　　　　　　　　　　　　　　　　　煤层名称：29 - 3 号 - 1

采样地点：三水平南一石门 29 - 3 号中段材料道

煤样工业分析及密度：

水　分 M_{ad} = 0.85%　　　　　　灰　分 A_d = 7.37%　　　　　挥发分 V_{daf} = 34.32%

真密度 TRD = 1.46　　　　　　　视密度 ARD = 1.31　　　　　孔隙率 F = 10.27%

吸附试验温度：t_s = 30.00 ℃　　　　　吸附气体浓度（CH_4）：99.9%

试验测试结果：

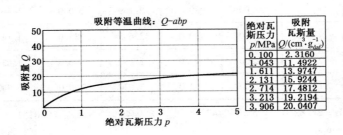

绝对瓦斯压力 p/MPa	吸附瓦斯量 Q/(cm³·g_daf⁻¹)
0.100	2.3160
1.043	11.4922
1.611	13.9747
2.131	15.9244
2.714	17.4812
3.213	19.2194
3.906	20.0407

瓦斯吸附常数：a = 26.2891　　b = 0.7741

批准：　　　　　　　　　审核：　　　　　　　　　　实验：

提出报告日期：二〇一二年三月二十七日

注：本试验报告单所测数据仅对来样负责。

表 11 - 2　某矿高压容量法瓦斯吸附试验原始记录汇总表
某煤矿高压容量法瓦斯吸附试验原始记录汇总

送样单位：矿防突办			煤样编号：29 - 2
矿井名称：煤矿			分析编号：2
采样地点：三水平南—石门 29 - 2 号探煤道			煤层名称：29 - 2 号
吸附罐编号：1	煤样质量/g W_g = 44.7426	可燃质量/g W_{daf} = 37.9954	校正后吸附罐容积/cm³ $V_校$ = 85.7540
吸附罐容积/cm³ V = 85.60	罐隙平均高度/mm $H_容$ = 4.15	装煤后罐隙平均高度/mm $H_煤$ = 4.20	吸附罐死空间/cm³ V_0 = 54.8878
工业分析：　　水分 M_{ad} = 0.66%		灰分 A_d = 14.42%	挥发分 V_{daf} = 37.18%
真密度 TRD = 1.44	视密度 ARD = 1.40	孔隙率 F = 2.78%	干基灰分 A_d = 14.52%

表 11 - 2（续）

装煤后罐隙高度/mm

$H_1 = 4.10$	$H_2 = 4.32$	$H_3 = 4.32$	$H_4 = 4.04$

| 吸附试验温度 $t_s = 30.00 ℃$ | | | 吸附气体浓度（CH_4）= 99.9% | | | |

序号	试验日期	平衡时间 时：分	室温 $t/℃$	大气压力 p_a/hPa	绝对瓦斯 压力 p/MPa	量管体积 V/cm^3	相邻压力区间 吸附瓦斯体积 $\Delta Q/(cm^3 \cdot g_{daf-1})$	吸附瓦斯量 $\sum_{i=1}^{n} Q_i/ (cm^3 \cdot g_{daf-1})$
1	2012 - 03 - 23	8：15	23.00	995.0	0.100	206.0	3.6455	3.6455
2	2012 - 03 - 24	17：13	21.00	985.0	1.108	980.0	10.2535	13.8990
3	2012 - 03 - 24	7：38	21.00	985.0	1.642	395.0	2.3745	16.2735
4	2012 - 03 - 23	15：49	22.00	989.0	2.169	370.0	1.6612	17.9347
5	2012 - 03 - 23	14：42	23.00	990.0	2.645	325.0	1.1491	19.0838
6	2012 - 03 - 23	12：34	22.00	992.0	3.157	340.0	1.0311	20.1149
7	2012 - 03 - 23	11：35	22.00	992.0	3.630	300.0	0.5422	20.6571

瓦斯吸附常数：$a = 24.8230$ $b = 1.2742$ $S_{pp} = 8.9449$ $S_{P/QP/Q} = 0.0151$ $S_{pp/Q} = 0.3669$

相关系数：$r = 0.9969$ 测试人员：

第五节　煤层瓦斯含量测定

煤层瓦斯含量测定方法分为直接测定法和间接测定法。直接测定法即直接从采取的煤样中抽出瓦斯，测定瓦斯的成分和含量。DGC 型瓦斯含量直接测定装置是一套井下和实验室结合使用的直接测定煤层瓦斯含量的装置，主要由井下解吸系统、地面解吸系统、煤样粉碎解吸系统三大部分组成。

一、井下解吸

下井前认真检查所需仪器是否完好，明确取样地点及取样记录人；详细记录取样地点大气压、温度及停钻时间、取样时间、取芯结束时间等数据；井下解吸前先将解吸罐注水，取样后迅速将煤样筒盖拧紧，并放入清水中观察是否有漏气现象，若无漏气迅速用乳胶管将煤样筒连接，启动秒表进行读数（每分钟记录一次）；当解吸量达到 85% 时，关闭解吸阀门，并重新将解吸仪加满水后继续解吸（并记录从关闭阀门到解吸仪加满水开启阀门继续解吸所用的时间），井下解吸为 30 min，所有数据必须做好记录（加水的过程也算作解吸时间）。

1. 仪器结构

该仪器主要由有机玻璃黏结而成，其结构如图 11 - 13 所示，外观及使用如图 11 - 14 所示。

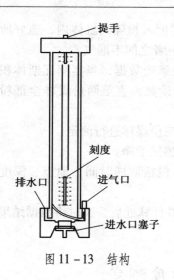

图 11 – 13　结构

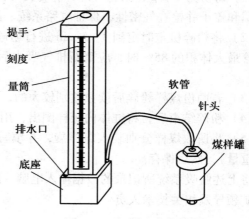

图 11 – 14　使用时外观

2. 使用方法

（1）将仪器倒立，拧开灌水口塞子，用手指堵住出水口和进气口，将仪器内部量筒内装满水至螺纹以上，排出筒内气泡后拧紧塞子，将仪器正立，松开手指。

（2）将仪器放置于平台上或悬挂起来，将针头插入煤样罐，再将胶管与进气口相连，即开始解析测量。此时气体进入量管内后，水通过排水口排出。

（3）若量程不够，可用夹子夹住胶管，拔下，将备用的清水灌入，方法同（1）。然后插上胶管松开夹子即可继续。

3. 注意事项

（1）仪器不可接近对有机玻璃有腐蚀作用的液体。

（2）为保持仪器表面光洁度与透明度，尽量避免表面划伤。

（3）漏气检测：将仪器内部灌满水，如使用方法中第 1 步，静置 1 h，若有气泡漏入使水面下降则为漏气；找到漏气处进行处理。

二、地面解吸

（1）取样人员应及时将井下所采煤样送交实验室进行地面解吸。

（2）先将煤样筒出气嘴连接到地面瓦斯解吸测量管上，开启地面解吸装置的背光灯管，将玻璃管操作手柄打到吸水排气挡，按动真空泵启动按钮进行排气吸水，当任意一根玻璃管液面达到零刻度位置时（作为读数标准），调节解吸管操作手柄到隔绝真空泵连通状态，使解吸管处于密封状态，打开煤样筒阀门，解吸开始前观测液面下降情况，是否有漏气存在，若存在要及时排除方可进行瓦斯解吸。

（3）开始解吸后每隔一段时间读取一次瓦斯含量读数，并注意观察解吸累积量的变化规律。

（4）将水平阀调至零位，并称取 10 g 煤样进行水分测定。

三、煤样粉碎解吸

（1）当地面解吸完毕后，打开煤样盖筒，用电子秤称取煤样的重量后，从中称取两份煤样，每份为 100 g 作为粉碎煤样；将称好的一份煤样倒入粉碎的缸体内，盖好所有的密封圈和盖子并检查气密性，保证气路系统、缸体、盖三者之间不漏气。

（2）将粉碎机定时定到 3~5 min 进行粉碎，并记录解吸数据，当实测瓦斯体积达到测量管最大体积的 85% 时，应重新排气吸水后继续粉碎读数，直至两份煤样全部粉碎结束。

（3）若两份煤样粉碎后读数差别较大的，应再取第三份煤样进行测定。

（4）粉碎结束后，将缸体内煤样倒出，用脱脂棉花擦拭干净。

（5）将所取煤样分别装入煤样袋，并填写好标签（包括取样时间、地点、深度和煤样总重量），然后保存。

将上述解吸系统所记录的数据输入电脑，经电脑软件计算处后，及时将数据结果打印送给矿领导及相关技术人员。

第六节　瓦斯放散初速度测定

煤的瓦斯放散初速度指标是从现场采取煤样后，在实验室测定。WFC-2 型瓦斯放散初速度测定装置具有自动测定、计算、参数预置、键盘输入、显示、打印、储存等功能。

一、仪器设备

真空泵、真空泵柱计、压力传感器、试样瓶、管路、甲烷气源。

二、试验原理

瓦斯放散初速度指标测定原理：3.5 g 规定粒度的煤样在 0.1 MPa 压力下吸附瓦斯后向固定真空泵释放时，用压差表示 10~60 s 时间内释放出的瓦斯指标。

三、试验步骤

1. 煤样制备

（1）测定瓦斯放散初速度的煤样，视试验的具体要求采取全层或分层煤样，煤样从最新暴露煤层面采取，其重量不少于 1 kg，用双层塑料密封装袋后及时送实验室。

（2）煤样送到实验室后要登记编号。

（3）粉碎煤样，筛取粒度为 0.20~0.25 mm 煤样 50 g 左右，作为试验测定用样。试验用样必须烘干，最好使用真空干燥箱。

2. 测试准备

（1）取下带杯真空活塞下端的样杯，用苯或甲苯仔细擦洗样杯和活塞芯下端。

（2）待苯或甲苯挥发后，从每种被测煤样中各取两份，每份重 3.5 g，装入同组两个样杯内（样杯顺序从左到右为 1、2、3、4、5、6，6 个样杯分为 3 组，1、2 为第一组，3、4 为第二组，5、6 为第 3 组，每组放同种煤样），并在煤样面上铺上薄薄一层脱脂棉或玻璃棉，避免脱气时煤样抽入真空系统中。然后在活塞的下端均匀地涂上一层真空脂，按顺序装上样杯，将弹簧托盘托好样杯。

3. 煤样脱气

启动真空泵，使真空泵与梳形管相通，对煤样脱气1.5 h。

4. 煤样吸附

煤样脱气1.5 h后，停真空泵，甲烷气源与梳形管相通后，旋动各样杯上的活塞，使瓦斯进入各个样杯，煤样在近似一个大气压的条件下吸附瓦斯1.5 h。

5. 测定步骤

（1）在吸附甲烷结束前0.5 h开启仪器电源预热20 min后，从键盘输入测定日期，煤样编号，并使仪器处于实时显示状态。

（2）煤样吸附瓦斯结束后，旋转样杯活塞，关闭样杯与梳形管的气路。

（3）旋转活塞"Ⅰ"使甲烷气源与梳形管断开而与检测器相通，用弹簧夹将气源出气管夹紧，以免抽真空时瓦斯进入测定系统。

（4）启动真空泵并缓慢旋转活塞"Ⅱ"，使真空泵与梳形管相通，对测定系统抽真空，当显示窗显示值接近零，1 min后，旋转活塞"Ⅱ"使真空泵与梳形管气路断开。可不停泵待用。

（5）按动控制板上的"监控"键，使仪器处于监控状态。

（6）按动采样键，此时控制板上的准备灯亮。

（7）旋转活塞"Ⅰ"使样杯"1"与梳形管相通，此时，测量灯亮，准备灯灭，仪器开始自动采集数据，1 min后测量灯灭，测量数据自动存入存储器。然后旋转活塞"Ⅰ"使样杯"1"与梳形管气路断开；其余各样杯的测量，按测定步骤逐项进行，直至第6样杯测定完为止。

6. 试验记录

瓦斯放散初速度指标记录表示例见表11－3。

表11－3　某矿瓦斯放散初速度指标原始记录表

实验日期：2012年2月21日

煤样编号	22—3—04	
取样矿井	某煤矿	
采样地点	三水平南二石门	
煤杯编号	5—1	5—2
煤样质量	3.5 g	3.5 g
检测气密性	脱气时间：520~540 min	
	10 min 显示压力值：15 mmHg	
	漏气	不漏气　√
重新检测气密性	脱气时间：	
	10 min 显示压力值：	
	漏气	不漏气
脱气过程	脱气时间：550~640 min	
吸附过程	吸附时间：670~750 min	
	吸附开始显示压力值：754 mmHg	
	吸附结果显示压力值：754 mmHg	

表 11 - 3（续）

采样过程	5—1 号杯
	采样结束显示压力值：142 mmHg
	5—2 号杯
	采样结束显示压力值：131 mmHg
Δp 结果	煤样微机编号：220304
	5—1 号杯 $p_1 = 11$
	5—2 号杯 $p_2 = 9$
	平均值 $\Delta p = 10$
备注	

注：1 mmHg = 0. 133 kPa。

第七节　煤的坚固性系数测定

一、仪器设备及用具

捣碎筒、计量筒、分样筛、天平、小锤、漏斗、容器。

二、采样与制样

（1）沿新暴露的煤层厚度的上、中、下部各采取块度为 10 cm 左右的煤样两块，在地面打钻取样时应沿煤层厚度的上、中、下部各采取块度为 10 cm 左右的煤样两块。煤样采取后应及时用纸包上并浸蜡封固（或用塑料袋包严）以免风化。

（2）煤样要附有标签，注明采样地点、层位、时间等。

（3）在煤样携带、运输过程中注意不得摔碰。

（4）把煤样用小锤碎制成 20 ~ 30 mm 的小块，用孔径为 20 或 30 mm 的筛子筛选。

（5）称取制备好的煤样 50 g 为一份，每 5 份为一组，共称取 3 组。

三、测定步骤

（1）将捣碎筒放置在水泥地板或 2 cm 厚的铁板上，放入试样一份，将 2. 4 kg 重锤提高到 600 mm 高度，使其自由落下冲击试样，每份冲击 3 次，把 5 份捣碎后的试样装在同一容器中。

（2）把每组（5 份）捣碎后的试样一起倒入孔径为 0. 5 mm 的分样筛中筛分，筛到不再漏下煤粉为止。

（3）把筛下的煤粉末用漏斗装入计量筒内，轻轻敲打使之密实，然后轻轻插入具有刻度的活塞尺与筒内粉末接触，在计量筒口相平处读取数 l（即粉末在计量筒内实际测量高度，读至 mm）。

当 $l \geqslant 30$ mm 时，冲击次数 n 即可定为 3 次，按以上步骤继续进行其他各组测定。

当 $l < 30$ mm 时，第一组煤样作废，每份冲击次数 n 改为 5 次，按以上步骤进行冲击、筛分和测量，仍以每 5 份作为一组，测定煤粉高度 l。

四、坚固性系数的计算

（1）坚固性系数 f 的计算如下：

$$f = \frac{20n}{l}$$

式中　f——坚固性系数；

　　　n——试样冲击次数；

　　　l——每组煤样筛下煤粉的计量高度，mm。

测定平行样 3 组（每组 5 份），取算数平均值，计算结果取一位小数。

（2）如果取得的煤样粒度达不到测定 f 值所要求的粒度（20~30 mm），可采取粒度为 1~3 mm 的煤样按上述要求进行测定，并按下式换算：

当 $f_{1\sim3} > 0.25$ 时　　　　$f = 1.57f_{1\sim3} - 0.14$

当 $f_{1\sim3} \leqslant 0.25$ 时　　　　$f = f_{1\sim3}$

式中　$f_{1\sim3}$——粒度为 1~3 mm 时煤样的坚固性系数。

五、试验记录

煤的坚固性系数试验记录表示例见表 11-4。

表 11-4　某矿煤的坚固性系数试验原始记录表

煤样编号	22
取样矿井	某煤矿
采样地点	三水平南二石门前组 22 层材料道
煤样粒度	20~30 mm
第　一　组	
份数：5　　重锤锤击次数 $n = 3$	
量筒高度	$L_1 = 121$
	$L_2 =$
	$L =$
f_1 值	$f_1 = 0.496$
第　二　组	
份数：5　　重锤锤击次数 $n = 3$	
量筒高度	$L_1 = 131$
	$L_2 =$
	$L =$
f_2 值	$f_2 = 0.458$

表 11 - 4（续）

第 三 组		
份数：5 重锤锤击次数 $n = 3$		
量筒高度		$L_1 = 131$
		$L_2 =$
		$L =$
f_3 值		$f_3 = 0.458$
平均值		$f = 0.477$

第八节 煤层瓦斯压力测定

煤层瓦斯压力井下直接测定原理是通过钻孔揭露煤层，安设测定仪表并密封钻孔，利用煤层中瓦斯的自然渗透原理测定在钻孔揭露处达到平衡的瓦斯压力。

一、封孔测压法

按测压钻孔封孔材料的不同，测定方法可分为黄泥（黏土）封孔法、水泥砂浆封孔法、胶圈封孔器法、胶圈—压力黏液封孔法、胶囊—压力黏液封孔法及聚氨酯泡沫封孔法等；按测压封孔方法的不同，测定方法可分为填料封孔法和封孔器封孔法两类，其中根据封孔器的结构特点，封孔器法又分为胶圈、胶囊和胶圈—压力黏液等几种方法。

各种井下封孔技术的优缺点比较，见表 11 - 5。

表 11 - 5 各种井下钻孔封孔技术的优缺点比较

封孔测压法	主 要 优 点	主 要 缺 点	应用情况
黄泥（黏土）封孔法	设备少，不需特殊装置，成本低	人工封孔费时费力，封孔长度短；只适合钻孔开口在岩巷的测压场所，且要求岩层坚硬少裂隙；封孔效果难以保证	很少
水泥砂浆封孔法	适用性强，成本低，操作简单；封孔长度长，封孔密封性好	地质条件复杂时难以完全封堵裂隙；需扣除钻孔静水压对读数的影响	最广
胶圈封孔器封孔法	设备简单、质量轻，易操作；封孔器可回收重复使用	封孔长度短，封孔段若存在裂隙则易漏气；只适用于比较细密、坚硬的岩石钻孔	较少
胶圈—压力黏液封孔法	对松软、裂隙发育的岩层密封较好；整套装置轻便，安装快捷；测压时间较短，测压效果比较好	整套装置成本较高，岩层压力较大时很难回收再利用	较少
胶囊—压力黏液封孔法	测压时间短；装置可重复使用	整套装置成本较高，操作比较烦琐；煤层松软时，封孔器回收较困难	较广

1. 填料封孔法（黄泥、黏土封孔）

填料法是最早采用的一种封孔方法。采用该法时，在打完钻孔后，先用水清洗钻孔，放入带有压力表接头的紫铜管（管径约为 6 ~ 8 mm，长度不小于 6 m）。填料法封孔结构如图 11 - 15 所示。

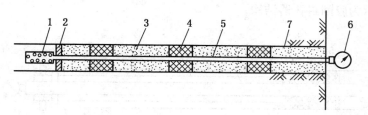

1—前端筛管；2—挡料圆盘；3—充填材料；4—木楔；5—测压管；6—压力表；7—钻孔

图 11 - 15　填料法封孔示意图

为了防止测压管堵塞，在测压管前端焊接一段直径大于侧压管的筛管。为了防止填料堵塞筛管，在测压管前端后部焊一挡料圆盘。充填材料一般用黄泥或黏土。填料可用人力送入钻孔。封孔时将圆环形木楔套入测压管中滑入钻孔中，到达托盘处停止，再送入 3 块黄泥。其后再送 1 块木楔，然后将铁耙也套入测压管，顺测压管放入钻孔中。使用铁耙将放入的黄泥砸实，提出铁耙。接下来再送入 3 块黄泥和 1 块木楔，再用铁耙捣实，依此类推连续进行，直到钻孔孔口段只剩 0.3 m 时停止，钻孔外段需用水泥砂浆固结。

2. 注浆封孔测压法

注浆封孔测压法是目前应用最广泛的一种封孔方法，适用于井下各种情况下的封孔。注浆泵一般采用柱塞注浆泵，封孔材料一般采用膨胀不收缩水泥浆（一般由膨胀剂、水泥和水按一定比例制成），测压管一般采用铜管、高压软管或无缝钢管。如图 11 - 16 所示，通过辅助管将安装有夹持器的测压管安装至预定的测压深度，在孔口用木楔和快干水泥封住，并安装好注浆管，根据封孔深度确定膨胀不收缩水泥的使用量，按照一定比例（参考水灰比为 2∶1，膨胀剂的掺入量为水泥的 12%）配好封孔水泥浆，用注浆泵一次连续将封孔水泥浆注入钻孔内，并在注浆 24 h 后，在孔口安装三通及压力表。孔口可装备充气设备，通过主动注气，补偿瓦斯的损失量，缩短平衡时间。

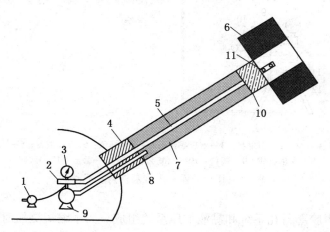

1—充气装置；2—三通；3—压力表；4—木楔；5—测压管；6—煤层；
7—封堵材料；8—注浆管；9—注浆泵；10—夹持器；11—小孔

图 11 - 16　注浆封孔测压法示意图

3. 封孔器封孔法

（1）胶圈封孔器封孔。胶圈封孔是一种简便的封孔方法，它适用于致密的岩石钻孔。图 11 – 17 所示为胶圈封孔器结构。

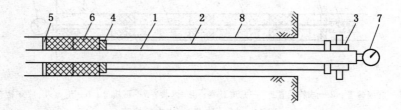

1—测压管；2—外套管；3—压紧螺帽；4—活动挡圈；5—固定挡圈；6—胶圈；7—压力表；8—钻孔

图 11 – 17　胶圈封孔器结构

封孔器由内外套管、挡圈、胶圈和压力表等组成，内套管即为测压管。封直径为 50 mm 的钻孔时，胶圈外径为 49 mm，内径为 21 mm，每节胶圈长度为 78 mm。测压管前端焊有环形固定挡圈，当拧紧压紧螺帽时，外套管向前移动压缩胶圈，使胶圈径向膨胀，即达到封孔目的。为了提高胶圈封孔质量，有时用两组胶圈。

（2）胶圈—压力黏液封孔器封孔。腔圈—压力黏液封孔装置是中国矿业大学研制成功的一种测压封孔方法，它与胶圈封孔器的主要区别是在两组封孔腔圈之间充入带压力的黏液。胶圈—压力黏液封孔器结构如图 11 – 18 所示。

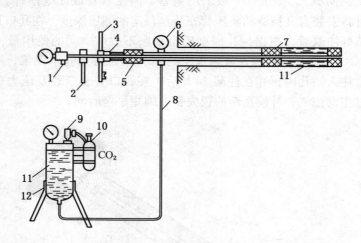

1—补充气体入口；2—固定把；3—加压手把；4—推力轴承；5、7—胶圈；6—黏液压力表；
8—高压胶管；9—阀门；10—二氧化碳瓶；11—黏液；12—黏液罐

图 11 – 18　胶圈—压力黏液封孔器结构

该封孔装置由胶圈封孔系统和黏液加压系统组成。为了缩短测压时间，该封孔装置带有预充气口，预充气压力略小于预计的煤层瓦斯压力。与其他封孔器相比，这种封孔器的主要优点：一是增大了封孔段的长度；二是压力黏液可渗入封孔段岩（煤）体的裂隙，增强了密封效果。为了进一步提高黏液的堵漏效果，可在黏液中添加固体碎屑，或将压力黏液改为气、液和固三相泡沫介质。试验证明，利用三相泡沫，可封堵宽度小于 4 mm 的裂隙。

试验表明，该封孔器能满足煤巷直接测定煤层瓦斯压力的要求。该封孔器的主要技术参数如下：封孔直径为 62 mm；封孔深度为 11 ~ 20 m；封孔黏液段长度为 3.6 ~ 5.4 m；封孔器质量（长 15 m）为 120 kg。

（3）胶囊—压力黏液封孔器封孔。在胶圈—压力黏液封孔装置基础上，中国矿业大学又研制成功了胶囊—压力黏液封孔器，其封孔原理类似于胶圈—压力黏液封孔器，所不同的是胶囊代替了胶圈。由于胶囊的弹性大，与孔壁可全面紧密接触，密封性能优于胶圈，不仅适用于封岩石钻孔，而且也能封较硬煤层中的钻孔。该封孔器可以回收复用。复用下井前，一定要在地面进行耐压、检漏试验。只有整个系统没有任何漏气、漏液现象才算合格，方可下井使用。

二、穿含水层时封堵水的方法

我国煤田水文地质条件复杂，地下水是矿井水害的主要水源之一，其可以分为孔隙水、裂隙水和岩溶水等。在矿井进行瓦斯参数测定的过程中，钻孔施工难免要穿过富（弱）含水层。如果不制定有效的封堵裂隙的防水措施，将影响压力数据的真实性，甚至使钻孔报废。

一套简单易行的测压钻孔穿含水层时的堵水方案如图 11 - 19 所示。该方案的主要思路是施工大直径的钻孔至含水层处，采用高压水泥砂浆封堵裂隙，待凝固后，采用小直径的钻头进行扫孔至测试煤层，然后即可进行瓦斯压力参数测定。

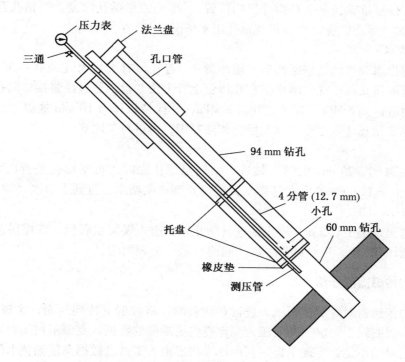

图 11 - 19　钻孔测压封孔示意图（穿含水层）

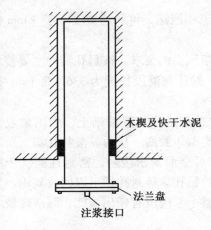

图 11-20　孔口管施工示意图

施工步骤如下：

1. 钻孔钻进

选用 ϕ127 mm 的钻头钻进。钻孔施工 5 ~ 10 m时下孔口管，孔口管直径为 108 mm。如图 11-20 所示，先在孔口处将孔口管与钻孔壁之间用木楔和快干水泥固定住，使孔口管不下滑。然后在孔口管外端加上法兰盘，连上注浆接头，准备注浆。

2. 注浆固管

待孔口管和钻孔壁之间的快干水泥凝固后，通过孔口管底端法兰盘上的注浆接头向孔口管内注浆。待孔口有少量浆液渗出或发现注浆泵压力不再上升，停止注浆。关闭注浆阀门，等 48 h 待浆液凝固后再进行下面的工序。若注浆过程中，周围岩壁裂隙中有较多浆液流出，应间断地多次注浆。

3. 扫孔、清水试压

待 48 h 后孔口管中的浆液凝固，将法兰盘卸除，选用 ϕ94 mm 钻头扫孔穿过含水层，然后用清水试压。试压压力不小于 8 MPa，确定孔口管合格（孔口管在高压下不会被压出钻孔，并且无水渗出）后再进行下一步工序。

4. 继续钻进

清水试压确定孔口管合格后进一步钻进，此时仍用 ϕ94 mm 钻头钻进（最好用岩芯管取芯钻进，以便更准确控制钻孔距煤层的位置），准确测量钻孔深度，当钻孔孔底距离煤层 0.5 ~ 1 m 时，停止钻进，提钻观察钻孔出水情况。

5. 注浆堵水

如果没有出水则继续钻进，然后实施步骤 7。若孔口有大量水（或有一定量的渗水）流出，则实施测压孔高压注浆堵水。在孔口管上拧上法兰盘，通过注浆接口向孔口管内注浆，注浆压力应达到 8 MPa，但不能超过 8 MPa，并保持该压力 10 min 或以上，然后关闭注浆阀门，完成钻孔注浆工作。48 h 后待浆液凝固，再进行工序 6。

6. 扫孔

选用直径为 60 ~ 75 mm 的钻头钻进，钻进至原孔底时，观察钻孔是否出水（渗水）（观察时间不少于 12 h），如出水（渗水）必须重新注浆堵水，直到不出水（渗水）为止。

7. 封孔测压

继续钻进至煤层中 0.5 m，停止钻进（防止钻孔进入煤层顶底板，将煤层顶底板含水层的水导入测压孔内），然后封孔注浆（同前）后，上表测压。

三、压力传感器测压法

应用压力传感器对煤层瓦斯压力进行在线监测，将数据上传到地面，实现实时监测、数据存储并生成曲线，为煤层瓦斯压力测定提供更准确的数据，克服了用压力表测定人工读取数据和记录的不足，实现了煤层瓦斯压力测定由人工抄录数据向监测技术的转变。

测压钻孔施工完后，按照《煤矿井下煤层瓦斯压力的直接测定方法》（AQ/T 1047—

2007）的规定安装测压管，测压管的端部连接三通接头，将压力传感器和压力表安装连接在三通两端上，同时进行煤层瓦斯压力测定。通过 KJ2007F 型分站为压力传感器供电和输出信号，实现测压信号（数据）由 KJ2000N 安全监测监控系统监测、存储、打印等。压力传感器和压力表联合测定煤层瓦斯压力安装方法如图 11－21 所示。

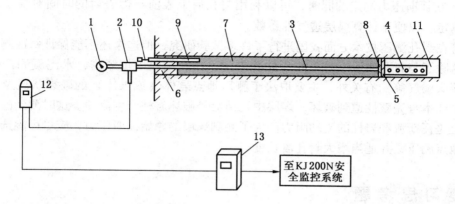

1—压力表；2—三通；3—测压管；4—集气管；5—橡胶皮；6—木楔；7—水泥浆；
8—挡板；9—注浆管；10—球阀；11—测压管；12—压力传感器；13—监测分站

图 11－21　压力传感器和压力表联合测定煤层瓦斯压力安装图

四、注意事项

（1）测定地点的选择原则如下：①测定地点应优先选择在石门或岩巷中，即选择岩性致密的地点，且无断层等地质构造，其瓦斯赋存状况要具有代表性。②测压钻孔应避开含水层、溶洞，并保证测压钻孔与其距离不小于 50 m。③对于测定煤层原始瓦斯压力的测压钻孔应避开采动、瓦斯抽采及其他人为卸压影响区域，并保证测压钻孔与其距离不小于 50 m。④对于需要测定煤层残余瓦斯压力的测压钻孔，根据测压目的的要求进行测压地点的选择。⑤选择测压地点应保证测压钻孔有足够的封孔深度（穿层测压钻孔的见煤点应位于巷道的卸压圈之外），并需保证 15 m 以上的岩柱长度。采用注浆封孔的上向测压钻孔倾角应不小于 5°。⑥同一地点应设置两个测压钻孔，其终孔见煤点或测压气室应在相互影响范围外，原则上测压钻孔见煤点距离应不小于 20 m。⑦瓦斯压力测定地点宜选择在进风系统，行人少且便于安设保护栅栏的地方。

（2）认真对比测压地点附近的综合钻孔柱状图，分析地层岩性（煤线）排列关系，初步确定岩层的标志层（标志层越靠近测压煤层越好），以便施工钻孔时对比，准确确定钻孔孔底的位置（钻孔施工现场最好有岩层柱状图对比）。特别是在穿透煤层时，可根据冲孔排水的颜色来判断钻头是否达到煤层，如果排水变黑说明已经打到煤层顶（底）板，此时应注意控制钻进距离，以免打到煤层顶（底）板上（下）方的含水层。

（3）根据检查孔及相关资料，掌握煤层顶底板岩性，找出靠近煤层 5 m 左右范围内易于观察的标志层，钻进至标志层时速度减缓或停止，以防贸然进入煤层，观察孔内出水情况，确定是否采用高压注浆。

（4）采用高压注浆封堵裂隙时，应先施工 5 m 钻孔，安装孔口管。

（5）孔口管清水试压时，施工人员要远离工作地点，以防孔口管拔管伤人。钻孔注浆时，注浆压力要小于孔口管试压压力，施工人员同样要远离施工地点。

（6）为了加快瓦斯压力测定，可以通过测压管末端的三通放水孔进行注 N_2 或 CO_2 快速测压，减少瓦斯压力平衡时间。

（7）在瓦斯压力测定的同时，可以利用封孔后上表前与拆表后的时间对煤层瓦斯流量进行测定，以便于计算煤层透气性系数。

尽管在封孔测压技术方面我国进行了许多试验研究，但迄今还不能保证每次测压都能成功。这除了与封孔测压工艺条件（如孔未清洗净，填料未填紧密，水泥凝固产生收缩裂隙，接头漏气等）有关外，主要取决于测压地点岩体（或煤体）的破裂状况及含水性等。当岩体本身完整性遭到破坏，煤层中瓦斯会经破坏岩柱产生流动。这时测到的瓦斯压力实际上是瓦斯流经岩柱的流动阻力。为了测到煤层的原始瓦斯压力，应尽可能选择在致密岩石地点测压，并适当增大封孔段长度。

复习思考题

1. ZQSJ－90/2.4 型架柱支撑动手持式钻机的适用条件是什么？
2. ZY－2300 型煤矿用全液压钻机的适用条件是什么？
3. MD－2 型煤钻屑瓦斯解吸仪的用途有哪些？
4. ZLD－2 型钻孔多级流量计使用时的注意事项有哪些？
5. 瓦斯吸附常数测定的基本步骤是什么？

第十二章 自救器及互救、创伤急救训练

知识要点
☆ 掌握自救器的训练
☆ 掌握互救、创伤急救的训练

第一节 自救器的训练

一、操作步骤

压缩氧自救器佩戴使用方法如图 12 – 1 ~ 图 12 – 7 所示。

图 12 – 1：携带自救器，应斜挎在肩膀上。

图 12 – 2：使用时，先打开外壳封口带和扳手。

图 12 – 3：按图方向，先打开上盖，然后，左手抓住自救器下部，右手用力向上提起上盖，自救器开关即自动打开，最后将主机从下壳中取出。

图 12 – 1 步骤一

图 12 – 4：摘下矿工帽，挎上背带。

图 12 – 5：拔出口具塞，将口具放入口内，牙齿咬住牙垫。

图 12 – 6：用鼻夹夹住鼻孔，开始用口呼吸。

图 12 – 7：在呼吸的同时按动手动补给按钮，大约 1 ~ 2 s，快要充满氧气袋时，立即停止（使用过程中如发现氧气袋空瘪，供气不足时也要按上述方法重新按动手动补给按钮）。

图 12 – 2 步骤二　　　　　图 12 – 3 步骤三　　　　　图 12 – 4 步骤四

图 12 - 5　步骤五　　　　图 12 - 6　步骤六　　　　图 12 - 7　步骤七

最后，佩戴完毕，可以撤离灾区逃生。

二、注意事项

（1）凡装备压缩氧自救器的矿井，使用人员都必须经过训练，每年不得少于 1 次。使佩戴者掌握和适应该类自救器的性能和特点，脱险时，表现得情绪镇静，呼吸自由，行动敏捷。

（2）压缩氧自救器在井下设置的存放点，应以事故发生时井下人员能以最短的时间取到为原则。

（3）携带过程中不要无故开启自救器扳手，防止事故时无氧供给。

（4）自救器装有 20 MPa 的高压氧气瓶，携带过程中要防止撞击、磕碰或当坐垫使用。

（5）佩戴使用时要随时观察压力指示计，以掌握氧气消耗情况。

（6）佩戴使用时要保持沉着，呼吸均匀。同时，在使用中吸入气体的温度略有上升是正常的不必紧张。

（7）使用中应特别注意防止利器刺破和刮破氧气袋。

（8）该自救器不能代替工作型呼吸器使用。

第二节　人工呼吸操作训练

（1）病人取仰卧位，即胸腹朝天。

（2）清理患者呼吸道，保持呼吸道清洁。

（3）使患者头部尽量后仰，以保持呼吸道畅通。

（4）救护人员对着伤员人工呼吸时，吸气、呼气要按要求进行。

第三节　心脏复苏操作训练

（1）叩击心前区，左手掌覆于病员心前区，右手握拳捶击左手背数次。

（2）胸外心脏挤压，病员仰卧硬板床或地上，头部略低，足部略高，以左手掌置于病员胸骨下半段，以右手掌压于左手掌背面。

第四节　创伤急救操作训练

一、止血操作训练

（1）用比较干净的毛巾、手帕、撕下的工作服布块等，即能顺手取得的东西进行加压包扎止血。

（2）亦可用手压近伤口止血，即用手指把伤口以上的动脉压在下面的骨头上，以达到止血的目的。

（3）利用关节的极度屈曲，压迫血管达到止血的目的。

（4）四肢较大动脉血管破裂出血，需迅速进行止血。可用止血带、胶皮管等止血。

二、骨折固定操作训练

（1）上臂骨折固定时，若无夹板固定，可用三角巾先将伤肢固定于胸廓，然后用三角巾将伤肢悬吊于胸前。

（2）前臂骨折固定时，若无夹板固定，则先用三角巾将伤肢悬吊于胸前，然后用三角巾将伤肢固定于胸廓。

（3）健肢固定法时，用绷带或三角巾将双下肢绑在一起，在膝关节、踝关节及两腿之间的空隙处加棉垫。

（4）躯干固定法时，用长夹板从脚跟至腋下，短夹板从脚跟至大腿根部，分别置于患腿的外、内侧，用绷带或三角巾捆绑固定。

（5）小腿骨折固定时，亦可用三角巾将患肢固定于健肢。

（6）脊柱骨折固定时，将伤员仰卧于木板上，用绷带将脖、胸、腹、髂及脚踝部等固定于木板上。

三、包扎操作训练

（1）无专业包扎材料时，可用毛巾、手绢、布单、衣物等替代。

（2）迅速暴露伤口并检查，采用急救措施。

（3）要清除伤口周围油污，用碘酒、酒精消毒皮肤等。

（4）包扎材料没有时应尽量用相对干净的材料覆盖，如清洁毛巾、衣服、布类等。

（5）包扎不能过紧或过松。

（6）包扎打结或用别针固定的位置，应在肢体外侧面或前面。

四、伤员搬运操作训练

（1）呼吸、心跳骤然停止及休克昏迷的伤员应及时心脏复苏后搬运。

（2）对昏迷或有窒息症状的伤员，要把肩部稍垫高，头后仰，面部偏向一侧或侧卧，注意确保呼吸道畅通。

（3）一般伤者均应在止血、固定包扎等初级救护后再搬运。

（4）对脊柱损伤的伤员，要严禁让其坐起、站立或行走。也不能用一人抬头，一人抱腿，或人背的方法搬运。

考　试　题　库

一、单项选择题

1. 地质测量部门在采掘工作面距离未保护区边缘（　　）前，编制临近未保护区通知单，并报矿技术负责人审批后交有关采掘区（队）。

A. 30 m　　　　　B. 50 m　　　　　C. 80 m　　　　　D. 100 m

2. 在掘进工作面与被贯通巷道距离小于（　　）的作业期间，被贯通巷道内不得安排作业，并保持正常通风，且在爆破时不得有人。

A. 20 m　　　　　B. 30 m　　　　　C. 50 m　　　　　D. 60 m

3. 在同一突出煤层正在采掘的工作面应力集中范围内，不得安排其他工作面进行回采或掘进。具体范围由矿技术负责人确定，但不得小于（　　）。

A. 20 m　　　　　B. 30 m　　　　　C. 50 m　　　　　D. 60 m

4. 厚煤层分层开采时，预抽钻孔应控制开采的分层及其上部和下部的距离至少分别为（　　）。

A. 上部 20 m，下部 10 m　　　　　B. 上部 30 m，下部 20 m

C. 上部 40 m，下部 30 m

5. 当石门或立井、斜井揭穿厚度小于（　　）的突出煤层时，可直接用远距离爆破方式揭穿煤层。

A. 0.1 m　　　　　B. 0.3 m　　　　　C. 1 m　　　　　D. 3 m

6. 石门或立井、斜井揭煤工作面的突出危险性预测必须在距突出煤层最小法向距离（　　）（地质构造复杂、岩石破碎的区域，应适当加大法向距离）前进行。

A. 1 m　　　　　B. 3 m　　　　　C. 5 m　　　　　D. 7 m

7. 采用复合指标法预测煤巷掘进工作面突出危险性时，终孔点应位于巷道断面两侧轮廓线外（　　）处。

A. 2～4 m　　　　B. 3～6 m　　　　C. 6～8 m　　　　D. 8～10 m

8. 煤巷掘进工作面采用防突措施时，钻孔的孔径一般为 42 mm，孔深不得小于（　　）。

A. 6 m　　　　　B. 8 m　　　　　C. 10 m　　　　　D. 12 m

9. 突出煤层煤巷掘进工作面采用预测措施时，按扇形布置至少（　　）个孔。

A. 3　　　　　B. 4　　　　　C. 5　　　　　D. 6

10. 煤巷掘进工作面采用水力冲孔措施，孔底间距应控制在（　　）左右。

A. 3 m　　　　　B. 5 m　　　　　C. 6 m　　　　　D. 8 m

11. 煤巷掘进工作面采用水力疏松措施时，钻孔与工作面的推进方向一致，单孔注水时间不得低于（　　）。

A. 5 min　　　　B. 6 min　　　　C. 8 min　　　　D. 9 min

12. 采煤工作面浅孔注水湿润煤体措施向煤体内注水压力不得低于（   ）。

    A. 5 MPa   B. 6 MPa   C. 8 MPa   D. 13 MPa

13. 采煤工作面采用浅孔注水湿润煤体措施可用于煤质较硬的突出煤层。注水孔间距根据实际情况确定，孔深不小于（   ）。

    A. 3 m   B. 4 m   C. 5 m   D. 6 m

14. 采煤工作面爆破地点到工作面的距离由矿技术负责人根据具体情况确定，但不得小于（   ）。

    A. 100 m   B. 200 m   C. 300 m   D. 50 m

15. 突出煤层的采掘工作面应设置工作面避难所或压风自救系统。应根据具体情况设置其中之一或混合设置，但掘进距离超过（   ）的巷道内必须设置工作面避难所。

    A. 400 m   B. 500 m   C. 600 m   D. 700 m

16. 每组压风自救装置应可供 5~8 人使用，平均每人的压缩空气供给量不得少于每分钟（   ）。

    A. 4 m^3 B. 5 m^3 C. 0.1 m^3 D. 0.3 m^3

17. 所有突出煤层外的掘进巷道（包括钻场等）距离突出煤层的最小法向距离是不小于（   ）。

    A. 3 m   B. 5 m   C. 9 m   D. 7 m

18. 突出孔洞应及时充填、封闭严实或进行支护，当恢复采掘作业时，应当在其附近（   ）范围内加强支护。

    A. 15 m   B. 20 m   C. 25 m   D. 30 m

19. 远距离爆破时，回风系统必须停电、撤人。爆破后进入工作面的检查时间由矿技术负责人根据实际情况确定，但不得少于（   ）。

    A. 15 min   B. 30 min   C. 50 min   D. 60 min

20. 未按要求采取区域综合防突措施的，（   ）进行采掘活动。

    A. 严禁   B. 可以   C. 不可以   D. 无所谓

21. 突出矿井的通风系统中，（   ）在井下安设辅助通风机。

    A. 可以   B. 不得   C. 严禁   D. 无所谓

22. 突出矿井的防突人员属于煤矿特种作业人员，每年必须接受一次煤矿（   ）级以上安全培训机构组织的防突知识、操作技能的专项培训。

    A. 三   B. 二   C. 四   D. 一

23. 煤（岩）与瓦斯突出矿井，（   ）使用架线式电机车。

    A. 不得   B. 严禁   C. 可以   D. 无所谓

24. 经开拓区域预测或者经区域措施效果检验后为无突出危险区的煤层进行揭煤和采掘作业时，必须采取（   ）方法进行区域验证。

    A. 工作面预测   B. 区域预测   C. 其他预测   D. 测压

25. 无突出危险工作面每预测循环应留有不小于（   ）的预测超前距。

    A. 2 m   B. 3 m   C. 4 m   D. 5 m

26. 区域防突措施效果检验每隔（   ）至少布置一个检验测试点测定煤层残余瓦斯量。

A. 5 m　　　　　　B. 10 m　　　　　　C. 20 m　　　　　　D. 30 m

27. 前探支架可用于松软煤层的 （　　　） 工作面。

A. 平巷　　　　　　B. 上山　　　　　　C. 下山　　　　　　D. 轨道

28. 超前钻孔的直径应当根据煤层的赋存条件、地质构造和瓦斯情况确定，一般为 （　　　）。

A. 75 ~ 120 mm　　B. 42 ~ 75 mm　　C. 65 ~ 85 mm　　D. 80 ~ 100 mm

29. 煤巷掘进工作面采用松动爆破防突措施时，松动爆破孔的装药长度为孔长减去 （　　　）。

A. 4 ~ 5 m　　　　B. 5 ~ 5.5 m　　　C. 5.5 ~ 6 m　　　D. 6 ~ 6.5 m

30. 采煤工作面浅孔注水湿润煤体措施可适用于煤质 （　　　） 的突出煤层。

A. 坚硬　　　　　　B. 较硬　　　　　　C. 松软　　　　　　D. 酥脆

31. 避难硐室应根据设计的最多避难人数配备足够数量的 （　　　）。

A. 过滤式自救器　　B. 氧气呼吸器　　C. 隔离式自救器

32. 工作面避难所应当能够满足工作面 （　　　） 人避难要求。

A. 10　　　　　　　B. 13　　　　　　　C. 15　　　　　　　D. 最多作业人数

33. 突出煤层严禁采用 （　　　） 采煤。

A. 炮采　　　　　　B. 机采　　　　　　C. 水力采煤法

34. 开采煤与瓦斯突出煤层时，采掘工作面必须采用 （　　　） 通风系统。

A. 角联　　　　　　B. 串联　　　　　　C. 独立

35. 突出危险工作面的瓦斯检查次数，应是 （　　　）。

A. 经常检查　　　　B. 每班 4 次　　　C. 每班 2 次　　　D. 每班 3 次

36. 下列现象中煤与瓦斯突出的前兆是 （　　　）。

A. 瓦斯涌出量增大，温度升高　　　　　B. 有水气

C. 煤壁挂红　　　　　　　　　　　　　D. 钻孔有水

37. 煤与瓦斯突出频率高而强度低，下列选项 （　　　） 不是可能的原因。

A. 煤层酥松　　　　B. 围岩破碎　　　C. 瓦斯移动　　　D. 煤质坚硬

38. 区域性防突措施主要有 （　　　） 和预抽煤层瓦斯两种。

A. 开采保护层　　　B. 金属骨架　　　C. 松动爆破　　　D. 水力冲孔

39. 下列 （　　　） 项不属于局部防突措施。

A. 开采保护层　　　B. 排放瓦斯　　　C. 松动爆破　　　D. 水力冲孔

40. 对穿层钻孔预抽煤巷条带煤层瓦斯区域防突措施进行检验时，在煤巷条带每间隔 （　　　） 至少布置一个检验测试点。

A. 5 ~ 20 m　　　　B. 20 ~ 30 m　　　C. 25 ~ 30 m　　　D. 30 ~ 50 m

41. 在开采保护层时，应优先选择 （　　　） 保护层。

A. 上　　　　　　　B. 下　　　　　　　C. 中　　　　　　　D. 无所谓

42. 突出煤层每个煤巷掘进工作面和采煤工作面都应当编制工作面专项 （　　　） 设计，报矿技术负责人批准。

A. 防突　　　　　　B. 防冲　　　　　　C. 防水　　　　　　D. 防火

43. 有突出危险的煤巷掘进工作面应当优先选用 （　　　） 防突措施。

A. 松动爆破　　　　　B. 水力冲孔　　　　　C. 水力疏松　　　　　D. 超前钻孔

44. 下山掘进时，不得选用（　　　）防突措施。

A. 松动爆破　　　　　B. 水力冲孔　　　　　C. 超前钻孔

45. 倾角在8°以上的上山掘进工作面可以选用（　　　）防突措施。

A. 松动爆破　　　　　B. 水力冲孔　　　　　C. 超前钻孔

46. 钻孔瓦斯涌出初速度的测定工作必须在钻孔打完后（　　　）内完成。

A. 7 min　　　　　　B. 5 min　　　　　　C. 3 min　　　　　　D. 2 min

47. 掘进工作面须在（　　　）设置压风自救。

A. 15～20 m　　　　B. 20～25 m　　　　C. 25～40 m　　　　D. 40～50 m

48. 井巷揭煤时炮采工作面必须采取（　　　）爆破。

A. 远距离爆破　　　　B. 区域爆破　　　　C. 放小炮爆破　　　　D. 局部距离爆破

49. 压风自救装置必须安装在掘进工作面（　　　）管道上。

A. 回风空气　　　　　B. 入风气流　　　　C. 压缩空气　　　　D. 回风气流

50. 井下避难所室内净高不得低于（　　　）。

A. 1.8 m　　　　　　B. 2.0 m　　　　　　C. 2.2 m　　　　　　D. 2.5 m

51. 在突出煤层的石门揭煤和煤巷掘进工作面进风侧，必须设置不少于（　　　）道牢固可靠的反向风门。

A. 1　　　　　　　　B. 2　　　　　　　　C. 3　　　　　　　　D. 4

52. 对采煤工作面防突措施效果检验，应当每隔（　　　）布置一个检验钻孔。

A. 10～15 m　　　　B. 15～20 m　　　　C. 20～25 m　　　　D. 25～30 m

53. 井下避难所放置足量的饮用水，安设供给空气的设施，每人供风量不得小于（　　　）。

A. 0.2 min³/min　　B. 0.3 min³/min　　C. 0.4 min³/min　　D. 0.5 min³/min

54. 随着开采深度增加，突出的次数将增多，这是由于（　　　）也相应增大的缘故。

A. 瓦斯压力　　　　　B. 顶板压力　　　　C. 采掘活动　　　　D. 采掘破坏

55. 采用岩芯法预测工作面岩石与二氧化碳突出危险性，在工作面前方岩体打直径为50～70 cm、长度不小于（　　　）的钻孔。

A. 5 m　　　　　　　B. 8 m　　　　　　　C. 10 m　　　　　　D. 15 m

56. 当1 m长的岩芯内具有20～40个凹凸状圆片时，预测为（　　　）突出危险地带。

A. 严重　　　　　　　B. 较重　　　　　　C. 一般　　　　　　D. 无

57. 在严重突出危险地带，深孔松动爆破孔径一般为（　　　）。

A. 30～40 cm　　　　B. 40～50 cm　　　　C. 50～60 cm　　　　D. 60～75 cm

58. 在掘进工作面，打深孔取芯后，封孔深度不得小于（　　　）。

A. 2 m　　　　　　　B. 3 m　　　　　　　C. 4 m　　　　　　　D. 5 m

59. 石门揭煤工作面的防突措施不包括（　　　）。

A. 预抽瓦斯　　　　　B. 排放钻孔　　　　C. 水力排放　　　　D. 煤体固化

60. 下列（　　　）项与预测煤巷突出危险性无关。

A. 钻屑指标法　　　　B. 复合指标法　　　　C. R值指标法　　　　D. 风向指标法

61. 煤的坚固性系数 f 的测定应取 3~5 次（　　　）值。

A. 最低　　　　　　B. 最高　　　　　　C. 平均　　　　　　D. 1.57~0.14

62. 当煤的坚固性系数值大于 0.5 时，一般（　　　）就不会突出。

A. 煤层　　　　　　B. 瓦斯　　　　　　C. 一氧化碳　　　　D. 氮气

63. 区域"四位一体"综合防突措施包括（　　　）项。

A. 区域突出危险性预测　　　　　　　　B. 区域预防

C. 区域打钻　　　　　　　　　　　　　D. 区域维护

64. 有严重瓦斯突出的煤层中，采掘工作面撤人距离必须在（　　　）中明确规定。

A. 操作规程　　　　B. 作业规程　　　　C. 现场　　　　　　D. 临时规定

65. 突出煤层中的突出威胁区的采掘工作面（　　　）使用风镐。

A. 严禁　　　　　　B. 允许　　　　　　C. 可以　　　　　　D. 规定

66. 井下避难所每人使用面积不得小于（　　　）。

A. 0.3 m²　　　　　B. 0.4 m²　　　　　C. 0.5 m²　　　　　D. 0.6 m²

67. 下列关于区域综合防突措施说法不相关的是（　　　）。

A. 区域突出危险性预测　　　　　　　　B. 区域防突措施

C. 区域措施效果检验　　　　　　　　　D. 安全防护措施

68. 下列关于局部综合防突措施说法不正确的是（　　　）。

A. 工作面突出危险性预测　　　　　　　B. 工作面防突措施

C. 工作面措施效果检验　　　　　　　　D. 瓦斯验证

69. 有关区域防突工作，错误的是（　　　）。

A. 多措并举　　　　B. 可保必保　　　　C. 先抽后采　　　　D. 效果达标

70. 煤层瓦斯压力达到或者超过（　　　）应当按照突出煤层管理。

A. 0.72 MPa　　　　B. 0.74 MPa　　　　C. 0.76 MPa　　　　D. 0.78 MPa

71. 关于煤的破坏类型临界值不包括（　　　）。

A. Ⅲ　　　　　　　B. Ⅳ　　　　　　　C. Ⅴ　　　　　　　D. Ⅵ

72. 煤的瓦斯放散初速度 Δp 临界值为（　　　）。

A. 8　　　　　　　　B. 9　　　　　　　　C. 10　　　　　　　D. 11

73. 煤的坚固性系数 f 临界值为（　　　）。

A. 0.4　　　　　　　B. 0.5　　　　　　　C. 0.6　　　　　　　D. 0.7

74. 在突出煤层的任何区域的任何工作面进行揭煤和采掘作业前，必须采取安全防护措施，其中不包括（　　　）。

A. 反向风门　　　　　　　　　　　　　B. 压风自救和避灾硐室

C. 远距离爆破　　　　　　　　　　　　D. 隔爆水袋

75. 所有突出煤层外的掘进巷道（包括钻场等）距离突出煤层的最小法向距离小于 10 m 时（在地质构造破坏带小于 20 m 时），必须边探边掘，确保最小法向距离不小于（　　　）。

A. 3 m　　　　　　　B. 4 m　　　　　　　C. 5 m　　　　　　　D. 6 m

76. 突出煤层采掘工作面每班必须设专职瓦斯检查工并随时检查瓦斯；发现有突出预兆时，（　　　）有权停止作业，协助班组长立即组织人员按避灾路线撤出，并报告矿调度室。

A. 瓦斯检查工 B. 班长 C. 组长 D. 队长

77. 突出矿井的管理人员和井下工作人员必须接受（ ）的培训，经考试合格后方准上岗作业。

A. 防突知识 B. 安全常识 C. 技能 D. 安全管理

78. 有突出矿井的煤矿企业和突出矿井的主要负责人、技术负责人应当接受煤矿（ ）级及以上安全培训机构组织的防突专项培训。

A. 一 B. 二 C. 三 D. 四

79. 防突专项培训不包括（ ）。

A. 防突的理论知识和实践知识 B. 突出发生的规律

C. 区域和局部综合防突措施 D. 安全规程的规章制度

80. 区域防突措施应当优先采用（ ）。

A. 开采保护层 B. 预抽煤层瓦斯 C. 震动爆破 D. 排放瓦斯

81. 采取各种方式的预抽煤层瓦斯区域防突措施时，钻孔的最小控制范围：石门和立井、斜井揭煤处巷道轮廓线外 12 m（急倾斜煤层底部或下帮 6 m），同时还应当保证控制范围的外边缘到巷道轮廓线（包括预计前方揭煤段巷道的轮廓线）的最小距离不小于（ ）且当钻孔不能一次穿透煤层全厚时，应当保持钻孔最小超前距（ ）。

A. 5 m、15 m B. 10 m、15 m C. 5 m、20 m D. 10 m、20 m

82. 若预抽区段煤层瓦斯区域防突措施的区段宽度或预抽回采区域煤层瓦斯区域防突措施的回采工作面长度大于 120 m，则在回采工作面推进方向每间隔 30～50 m，至少沿工作面方向布置（ ）个检验测试点。

A. 1 B. 2 C. 3 D. 4

83. 对穿层钻孔预抽石门（含立、斜井等）揭煤区域煤层瓦斯区域防突措施进行检验时，至少布置 4 个检验测试点，分别位于要求预抽区域内的上部、中部和两侧，并且至少有 1 个检验测试点位于要求预抽区域内距边缘不大于（ ）的范围。

A. 1 m B. 2 m C. 3 m D. 4 m

84. 在煤巷掘进工作面和回采工作面分别采用的工作面预测方法对无突出危险区进行区域验证时，应在工作面进入该区域时，立即连续进行至少（ ）次区域验证。

A. 1 B. 2 C. 3 D. 4

85. 无突出危险工作面必须在采取安全防护措施并保留足够的突出预测超前距或防突措施超前距的条件下进行采掘作业，煤巷掘进和回采工作面应保留的最小预测超前距均为（ ）。

A. 1 m B. 2 m C. 3 m D. 4 m

86. 无突出危险工作面必须在采取安全防护措施并保留足够的突出预测超前距或防突措施超前距的条件下进行采掘作业，工作面应保留的最小防突措施超前距为煤巷掘进工作面（ ），回采工作面（ ）。

A. 4 m、2 m B. 5 m、3 m C. 6 m、4 m D. 7 m、5 m

87. 石门和立井、斜井揭穿突出煤层前，必须准确控制煤层层位，掌握煤层的赋存位置、形态，在揭煤工作面掘进至距煤层最小法向距离（ ）之前，应当至少打两个穿透煤层全厚且进入顶（底）板不小于 0.5 m 的前探取芯钻孔，并详细记录岩芯资料。

A. 5 m　　　　　　　B. 10 m　　　　　　C. 15 m　　　　　　D. 20 m

88. 石门和立井、斜井工作面从距突出煤层底（顶）板的最小法向距离（　　）开始到穿过煤层进入顶（底）板 2 m（最小法向距离）的过程均属于揭煤作业。

A. 5 m　　　　　　　B. 10 m　　　　　　C. 15 m　　　　　　D. 20 m

89. 突出矿井中石门和立井、斜井揭煤工作面的突出危险性预测必须在距突出煤层最小法向距离（　　）（地质构造复杂、岩石破碎的区域，应适当加大法向距离）前进行。

A. 3 m　　　　　　　B. 4 m　　　　　　C. 5 m　　　　　　D. 6 m

90. 采用远距离爆破揭开突出煤层时，要求石门、斜井揭煤工作面与煤层间的最小法向距离是急倾斜煤层（　　），其他煤层（　　）。如果岩石松软、破碎，还应适当增加法向距离。

A. 1.5 m、1 m　　B. 2 m、1.5 m　　C. 2.5 m、2 m　　D. 3 m、2.5 m

91. 采用远距离爆破揭开突出煤层时，要求立井揭煤工作面与煤层间的最小法向距离是急倾斜煤层（　　），其他煤层（　　）。如果岩石松软、破碎，还应适当增加法向距离。

A. 1.5 m、2 m　　B. 2 m、2.5 m　　C. 2.5 m、3 m　　D. 3 m、3.5 m

92. 关于煤与瓦斯突出的特点描述错误的一项是（　　）。

A. 突出时间较短　　　　　　　　　B. 破碎的煤常常被抛出一定的距离

C. 突出后在煤体内形成孔洞　　　　D. 突出时没有强大的动力效应

93. 关于中国煤矿瓦斯突出的特征描述错误的一项是（　　）。

A. 突出矿井的分布广　　　　　　　B. 突出分布在不同类型的煤层

C. 突出矿井的始突深度一样　　　　D. 中小型突出占绝大多数

94. 关于煤与瓦斯突出的危害描述错误的一项是（　　）。

A. 破坏通风设施　　　　　　　　　B. 引起矿井火灾

C. 造成煤岩埋人　　　　　　　　　D. 造成瓦斯爆炸事故

95. 关于煤与瓦斯突出的一般规律描述错误的一项是（　　）。

A. 随着开采深度的增加，突出危险性增大

B. 突出多发生在地质构造区

C. 突出的气体主要是一氧化碳

D. 突出之前大部分有预兆

96. 突出按动力现象的力学特征可分为（　　）。

A. 喷出、压出、倾出　　　　　　　B. 突出、压出、倾出

C. 突出、喷出、压出　　　　　　　D. 突出、喷出、倾出

97. 小型突出的突出强度小于（　　）。

A. 50 t　　　　　　B. 100 t　　　　　　C. 150 t　　　　　　D. 200 t

98. 煤与瓦斯突出预兆可分为两类，即（　　）。

A. 煤炮声和压力增大　　　　　　　B. 煤炮声和闷雷声

C. 煤炮声和瓦斯涌出量增大　　　　D. 有声预兆和无声预兆

99. 突出的发生和发展大体要经历（　　）个阶段。

A. 二　　　　　　　B. 三　　　　　　　C. 四　　　　　　　D. 五

100. 区域突出危险性预测应预测煤层某一区域的突出危险性，一般在（　　）时进行。

A. 开拓新水平、新采区　　　　　　B. 回采

C. 煤巷掘进　　　　　　　　　　　D. 石门揭煤

101. 煤的破坏程度越严重，其突出危险性（　　）。

A. 减小　　　　B. 增大　　　　C. 不变　　　　D. 都不对

102. 目前，采掘工作面进行突出危险性预测常用的是（　　）。

A. 钻孔瓦斯涌出初速度法和钻屑指标法

B. 钻屑指标法和 R 值指标法

C. 钻孔瓦斯涌出初速度法和 R 值指标法

D. 钻屑指标法和钻屑温度法

103. 钻孔瓦斯涌出初速度的临界值为（　　）。

A. 4 L/min　　　B. 4.5 L/min　　　C. 5 L/min　　　D. 6 L/min

104. 钻屑指标的临界值为（　　）。

A. 3 kg/m　　　B. 4 kg/m　　　C. 5 kg/m　　　D. 6 kg/m

105. 下面（　　）防突措施是区域防突措施。

A. 区域煤层瓦斯预抽　　　　　　　B. 排放钻孔

C. 水力冲孔　　　　　　　　　　　D. 前探支架

106. 煤巷掘进工作面超前措施钻孔，规定超前工作面距离为（　　）。

A. 3 m　　　B. 4 m　　　C. 5 m　　　D. 6 m

107. 正在开采的保护层的工作面超前于被保护层的掘进工作面，其超前距离不得小于保护层与被保护层层间距的（　　）倍，并不得小于 100 m。

A. 2　　　B. 3　　　C. 4　　　D. 5

108. 避难硐室应有减压装置和带有阀门控制的呼吸嘴，每人供风量不少于（　　）。

A. 0.01 m³/min　　B. 0.3 m³/min　　C. 0.5 m³/min　　D. 1 m³/min

109. 有突出危险工作面爆破时，躲避时间不少于（　　）。

A. 10 min　　　B. 15 min　　　C. 20 min　　　D. 30 min

110. 煤与瓦斯突出事故的应急处理原则要求在发生煤与瓦斯突出时（　　）。

A. 现场可以关闭开关电源　　　　　B. 现场可以扭动矿灯和灯盖

C. 人员可不戴隔离式自救器　　　　D. 保证主要通风机的正常运转

111. 矿井在采掘过程中只要发生（　　）次煤与瓦斯突出，该矿井即为突出矿井，发生的突出煤层即为突出煤层。

A. 2　　　B. 1　　　C. 4　　　D. 3

112. 防突风门的墙垛可用砖或混凝土砌筑，嵌入巷道周围岩石的深度可根据岩石的性质确定，但不得小于 0.2 m，墙垛厚度不得小于 0.8 m；两道反向防突风门之间的距离不得小于（　　）。

A. 4 m　　　B. 5 m　　　C. 10 m　　　D. 15 m

113. 突出煤层鉴定的单项指标临界值坚固性系数的临界值为（　　）。

A. ≤0.5　　　B. ≥0.5　　　C. <0.5　　　D. >0.5

114. 突出煤层鉴定的单项指标临界值放散初速度的临界值为（　　）。

A. ≤10　　　　　　B. ≥10　　　　　　C. <10　　　　　　D. >10

115. 瓦斯突出压力的临界值是（　　）。

A. 0. 8 MPa　　　　B. 0. 9 MPa　　　　C. 0. 74 MPa　　　　D. 0. 78 MPa

116. 震动爆破采用的毫秒雷管，最后一段的延期时间不得超过（　　）。

A. 150 ms　　　　　B. 130 ms　　　　　C. 100 ms　　　　　D. 200 ms

117. 突出矿井必须建立满足防突工作要求的（　　）系统。

A. 地面永久瓦斯抽采　　　　　　　　　B. 地面临时瓦斯抽采

C. 井下永久瓦斯抽采　　　　　　　　　D. 井下临时瓦斯抽采

118. 煤、半煤岩炮掘和炮采工作面，使用安全等级不低于（　　）级的煤矿许用含水炸药（二氧化碳突出煤层除外）。

A. 2　　　　　　　B. 1　　　　　　　C. 3　　　　　　　D. 4

119. 突出矿井，矿工自救时，佩戴自救器后，若感到吸入的空气干热灼烫，则应（　　）。

A. 取掉口罩　　　　　　　　　　　　　B. 坚持使用，脱离灾区

C. 取掉一段时间再戴　　　　　　　　　D. 取掉口具，马上就地修理

120. 突出矿井主要通风机停止工作，井下人员必须撤至（　　）。

A. 进风大巷　　　B. 井上　　　C. 不动　　　D. 工作面进风巷

121. 突出矿井井下所有地点均不得超过（　　）的盲硐。

A. 2 m　　　　　　B. 6 m　　　　　　C. 5 m　　　　　　D. 7 m

122. 突出矿井井口（　　）范围内严禁烟火。

A. 20 m　　　　　　B. 25 m　　　　　　C. 30 m　　　　　　D. 40 m

123. 远距离爆破时，回风系统的采掘工作面及其他有人作业的地点，必须停电撤人。爆破后不少于（　　）方可进入工作面检查。

A. 50 min　　　　　B. 60 min　　　　　C. 15 min　　　　　D. 30 min

124. 井下每组压风自救系统一般可供（　　）人用，同时满足最大作业人员的需求。

A. 5 ~ 8　　　　　　B. 10 ~ 12　　　　　C. 1 ~ 5　　　　　　D. 15 ~ 18

125. 煤层风化带是（　　）。

A. 突出危险区　　　B. 突出威胁区　　　C. 无突出危险区　　　D. 高瓦斯区

126. 区域防突措施应当优先（　　）。

A. 开采保护层　　　B. 预抽煤层瓦斯　　　C. 打超前钻孔　　　D. 进行煤层注水

127. 突出矿井（　　）是第一防突责任人。

A. 总工程师　　　B. 矿长　　　C. 生产矿长　　　D. 安全矿长

128. 突出矿井在新水平延深或超过（　　）时，必须测定煤层瓦斯参数。

A. 40 m　　　　　　B. 45 m　　　　　　C. 50 m　　　　　　D. 55 m

129. 《防治煤与瓦斯突出规定》中地质测量部门在采掘工作面未保护区边缘（　　）前，编制邻近未保护区通知单，并报矿技术负责人审批后交有关采掘区。

A. 40 m　　　　　　B. 45 m　　　　　　C. 50 m　　　　　　D. 55 m

130. 所有突出煤层外的掘进巷道（包括钻场等）距离突出煤层的最小法向距离小于

（　　）时（在地质构造破坏带小于 20 m 时）必须边探边掘。

　　A. 10 m　　　　　　B. 15 m　　　　　　C. 20 m　　　　　　D. 25 m

131. 对穿层钻孔预抽煤巷条带煤层瓦斯区域防突措施进行检验时，在煤巷条带每间隔（　　）至少布置 1 个检验测试点。

　　A. 10 ~ 20 m　　　　B. 20 ~ 40 m　　　　C. 30 ~ 50 m　　　　D. 40 ~ 60 m

132. 对穿层钻孔预抽石门揭煤区域煤层瓦斯区域防突措施进行检验时，至少要布置（　　）个检验测试点。

　　A. 3　　　　　　　　B. 4　　　　　　　　C. 5　　　　　　　　D. 6

133. 斜井揭煤工作面的突出危险性预测必须在距突出煤层最小法向距离（　　）前进行。

　　A. 5 m　　　　　　　B. 6 m　　　　　　　C. 7 m　　　　　　　D. 8 m

134. 《防治煤与瓦斯突出规定》中煤巷掘进工作面水力疏松措施时，煤体注水时，单孔注水时间不低于（　　）。

　　A. 8 min　　　　　　B. 9 min　　　　　　C. 10 min　　　　　　D. 11 min

135. 《防治煤与瓦斯突出规定》中石门揭煤工作面钻孔的控制范围：石门两侧和上部轮廓线外至少（　　）。

　　A. 5 m　　　　　　　B. 6 m　　　　　　　C. 7 m　　　　　　　D. 8 m

136. 下面（　　）是区域防突措施的内容。

　　A. 区域突出危险性预测　　　　　　　　B. 安全防护措施

　　C. 效果检验　　　　　　　　　　　　　D. 钻孔排放煤层瓦斯

137. 突出矿井必须建立满足（　　）工作要求的地面永久瓦斯抽采系统。

　　A. 通风　　　　B. 采掘　　　　C. 运输　　　　D. 防突

138. 在地质构造带中所有突出煤层外的掘进巷道距离突出煤层的最小法向距离不小于（　　）时，执行边探边掘。

　　A. 10 m　　　　　　B. 5 m　　　　　　　C. 7 m　　　　　　　D. 20 m

139. 煤与瓦斯突出矿井入井人员必须携带（　　）自救器。

　　A. 过滤式　　　　B. 压缩氧式或化学氧　　　　　　C. 氧气瓶

140. 突出孔洞应当及时充填、封闭严实或者进行支护；当恢复采掘作业时，应当在其附近（　　）范围内加强支护。

　　A. 15 m　　　　　　B. 20 m　　　　　　C. 25 m　　　　　　D. 30 m

141. 在突出矿井开采煤层群时，如在有效保护垂距内存在厚度（　　）及以上的无突出危险煤层，除因突出煤层距离太近而威胁保护层工作面安全或可能破坏突出煤层开采条件的情况外，首先开采保护层。

　　A. 0.3 m　　　　　　B. 0.5 m　　　　　　C. 0.8 m　　　　　　D. 1.0 m

142. 在开采保护层时，应优先选择上保护层，同时应采取（　　）措施。

　　A. 区域预测　　　B. 瓦斯预抽　　　C. 区域验证　　　D. 安保

143. 突出矿井掘进工作面进风侧的 2 道反向风门，在爆破时应（　　）。

　　A. 同时敞开　　　　　　　　　　　　　B. 同时关闭

　　C. 敞开面向工作面第一道　　　　　　　D. 敞开面向工作面第二道

144. 有煤与瓦斯突出危险的采煤工作面（　　）采用下行通风。

A. 不得　　　　　　B. 可以　　　　　C. 制定措施后可以　D. 必须

145. 开采有煤与瓦斯突出危险的煤层时，两个工作面之间（　　）串联通风。

A. 严禁　　　　　　B. 可以一次　　　C. 制定措施后可以　D. 允许

146. 突出工作面无突出危险后，进行采掘作业前，必须采取（　　）措施。

A. 效果检验　　　　B. 突出危险性预测　C. 防治突出　　　　D. 安全防护

147. 突出矿井应在井下设置压风自救系统，长距离的掘进巷道中，应每隔（　　）设置一组压风自救装置。

A. 100 m　　　　　B. 70 m　　　　　C. 50 m　　　　　　D. 40 m

148. 在煤（岩）与瓦斯（二氧化碳）突出矿井中严禁安设（　　）

A. 局部通风机　　　B. 辅助通风机　　C. 对旋式通风机　　D. 智能风机

149. 有突出危险的采掘工作面采用远距离爆破时，爆破地点应在（　　）以外或避难所内。

A. 回风侧　　　　　B. 进风侧反向风门　C. 大巷　　　　　　D. 工作面

150. 煤与瓦斯突出矿井中，如果在全风压通风的主要巷道内使用机车运输，必须使用矿用（　　）电机车。

A. 架线　　　　　　B. 蓄电池　　　　C. 特殊蓄电池　　　D. 防爆蓄电池

151. 开采突出煤层时，采掘工作面应设（　　）。

A. 专职瓦检工　　　　　　　　　　　B. 兼职瓦检工

C. 专、兼职瓦检工都可以　　　　　　D. 防突区长

152. 在突出煤层中，煤巷掘进工作面第一次执行局部防突措施或无措施超前距时，必须采取小直径浅孔排放等防突措施，只有在工作面前方形成（　　）的安全屏障后，方可进入正常防突措施循环。

A. 10 m　　　　　　B. 5 m　　　　　C. 3 m　　　　　　D. 15 m

153. 压风自救系统应设置在距采掘工作面（　　）的巷道内。

A. 10 m　　　　　　B. 40 m　　　　　C. 60 m　　　　　D. 50 m

154. 在有突出危险的采区和工作面，电气设备必须有专人负责检查和维护，并应每（　　）检查一次防爆性能。

A. 天　　　　　　　B. 旬　　　　　　C. 月　　　　　　　D. 星期

155. 突出矿井每一入井人员，必须随身携带（　　）。

A. 自救器　　　　　B. 过滤式自救器　C. 隔离式自救器　　D. 氧气瓶

156. 开采突出煤层时，工作面回风侧（　　）设置风窗。

A. 不应　　　　　　B. 可以　　　　　C. 严禁　　　　　　D. 应该

157. 未按要求采取区域综合防突措施的，（　　）进行采掘活动。

A. 严禁　　　　　　B. 可以　　　　　C. 不得　　　　　　D. 无所谓

158. 经开拓后区域预测或者经区域措施效果检验后为无突出危险区的煤层进行揭煤和采掘作业时，必须采用（　　）方法进行区域验证。

A. 工作面预测　　　B. 区域预测　　　C. 其他预测　　　　D. 无须任何

159. 突出矿井的通风系统中，（　　）在井下角联通风。

A. 可以　　　　　　B. 不得　　　　　　C. 严禁　　　　　　D. 无所谓

160. 对采煤工作面防突措施效果的检验应当参照采煤工作面突出危险性预测的方法和指标实施。沿采煤工作面每隔（　　）布置一个检验钻孔，深度应当小于或等于防突措施钻孔。

A. 40 m　　　　　　B. 30 m　　　　　　C. 20 m　　　　　　D. 10 m

161. 煤（岩）与瓦斯突出矿井（　　）使用非防爆电机车。

A. 可以　　　　　　B. 不得　　　　　　C. 严禁　　　　　　D. 无所谓

162. 在突出煤层的无突出危险区，只要有（　　）次区域验证为有突出危险或超前钻孔等发现了突出预兆，则该区域以后的采掘作业均应当执行局部综合防突措施。

A. 一　　　　　　　B. 二　　　　　　　C. 三　　　　　　　D. 四

163. 无突出危险工作面每预测循环应留有不小于（　　）的预测超前距。

A. 2 m　　　　　　B. 3 m　　　　　　C. 4 m　　　　　　D. 5 m

164. 在揭煤工作面掘进至距煤层最小法向距离 10 m 之前，应当至少打两个穿透煤层全厚且进入顶（底）板不小于（　　）的前探取芯钻孔，并详细记录岩芯资料。

A. 0.3 m　　　　　B. 0.4 m　　　　　C. 0.5 m　　　　　D. 0.6 m

165. 在实施局部综合防突措施的煤巷掘进工作面和回采工作面，若预测指标为无突出危险，则只有当上（　　）循环的预测指标也是无突出危险时，方可确定为无突出危险工作面。

A. 一个　　　　　　B. 二个　　　　　　C. 三个　　　　　　D. 四个

166. 煤巷掘进工作面突出危险性预测时，当所有钻孔的 R 值小于（　　）且未发现其他异常情况时，该工作面可预测为无突出危险工作面；否则，判定为突出危险工作面。

A. 4　　　　　　　　B. 5　　　　　　　　C. 6　　　　　　　　D. 7

167. 远距离爆破时，回风系统（　　）停电、撤人。爆破后进入工作面检查的时间由矿技术负责人根据情况确定。

A. 必须　　　　　　B. 允许　　　　　　C. 应　　　　　　　D. 无须

168. 钻屑指标法预测煤巷掘进工作面钻屑量指标临界值为（　　）。

A. 10 kg/m　　　　B. 6 kg/m　　　　　C. 5 kg/m　　　　　D. 15 kg/m

169. 下列预兆属于突出预兆的是（　　）。

A. 顶板淋水加大　　　　　　　　　　B. 巷道"挂红"

C. 煤壁松软　　　　　　　　　　　　D. 瓦斯浓度突然增大

170. 煤与瓦斯突出多发生在（　　）。

A. 采煤工作面　　　　　　　　　　　B. 岩巷掘进工作面

C. 石门揭煤掘进工作面　　　　　　　D. 煤巷掘进工作面

171. 在标准大气状态下，发生瓦斯爆炸的瓦斯浓度范围为（　　）。

A. 1% ~ 10%　　　B. 5% ~ 16%　　　C. 3% ~ 10%　　　D. 10% ~ 16%

172. 突出煤层中的突出危险区、突出威胁区（　　）采用放顶煤采煤法回采。

A. 可以　　　　　　B. 应　　　　　　　C. 严禁　　　　　　D. 必须

173. 瓦斯抽放中，随掘随抽的方式是利用巷道两侧及工作面前方的（　　）抽放瓦斯。

A. 卸压带　　　　　　B. 支承压力带　　　　C. 原岩应力带　　　　D. 任一地点

174.《防治煤与瓦斯突出规定》从（　　　）起施行。

A. 2009 年 8 月 1 日　　　　　　　　　　B. 2008 年 8 月 1 日

C. 2010 年 8 月 1 日　　　　　　　　　　D. 2012 年 8 月 1 日

175. 为了有效预防（　　　）事故，制定《防治煤与瓦斯突出规定》。

A. 煤矿突出　　　　　B. 冒顶　　　　　　C. 停风　　　　　　D. 瓦斯超限

176. 突出煤层是指在矿井井田范围内发生过（　　　）的煤层或者经鉴定有突出危险的煤层。

A. 突出　　　　　　　B. 冒顶　　　　　　C. 停风　　　　　　D. 瓦斯超限

177. 突出煤层是指在矿井井田范围内发生过突出的煤层或者经（　　　）有突出危险的煤层。

A. 分析　　　　　　　B. 取样　　　　　　C. 实验　　　　　　D. 鉴定

178. 下列属于区域综合防突措施的有（　　　）。

A. 区域突出危险性预测　　　　　　　　　B. 工作面防突措施

C. 安全防护措施　　　　　　　　　　　　D. 工作面措施效果检验

179. 下列不属于区域综合防突措施的有（　　　）。

A. 工作面防突措施　　　　　　　　　　　B. 区域防突措施

C. 区域验证　　　　　　　　　　　　　　D. 区域突出危险性预测

180. 突出矿井必须建立满足防突工作要求的（　　　）瓦斯抽采系统。

A. 井下永久　　　　　B. 井下移动　　　　C. 地面永久　　　　D. 地面移动

181. 下列属于局部综合防突措施的有（　　　）。

A. 区域措施效果检验　　　　　　　　　　B. 区域防突措施

C. 安全防护措施　　　　　　　　　　　　D. 区域验证

182. 下列不属于局部综合防突措施的有（　　　）。

A. 区域验证　　　　　　　　　　　　　　B. 工作面防突措施

C. 工作面措施效果检验　　　　　　　　　D. 安全防护措施

183. 非突出矿井首次发生突出必须立即（　　　）。

A. 停产　　　　　　　B. 生产　　　　　　C. 关闭　　　　　　D. 边整顿边生产

184. 防突工作要坚持（　　　）先行、（　　　）补充的原则。

A. 局部防突措施　区域防突措施　　　　　B. 岩巷　煤巷

C. 煤巷　岩巷　　　　　　　　　　　　　D. 区域防突措施　局部防突措施

185. 未按要求采取区域综合防突措施的，（　　　）进行采掘活动。

A. 可以　　　　　　　　　　　　　　　　B. 严禁

C. 边生产边采取措施　　　　　　　　　　D. 组织

186. 突出煤层采掘工作面每班必须设专职（　　　）并随时检查瓦斯。

A. 防突员　　　　　　B. 班组长　　　　　C. 瓦斯检查工　　　D. 安检员

187. 未进行区域预测的区域视为（　　　）。

A. 突出危险区　　　　B. 突出威胁区　　　C. 无突出危险区　　D. 安全区

188. 突出危险性预测钻孔瓦斯涌出初速度 q 的临界值为（　　　）。

A. 2 L/min   B. 3 L/min   C. 4 L/min   D. 5 L/min

189. 避难所设置（　　）开启的隔离门。

A. 向东   B. 向西   C. 向内   D. 向外

190. 避难所至少能满足（　　）人避难。

A. 15   B. 20   C. 10   D. 30

191. 远距离爆破时，回风系统必须（　　）。

A. 正常供电   B. 停电、撤人   C. 停电   D. 撤人

192. 预测（效检）超前距以各预测（效检）钻孔沿巷道轴线方向投影的（　　）为准。

A. 最小值   B. 最大值   C. 平均值   D. 实际长度

193. 预测时，弹簧秤的量程是（　　）kg。

A. 5   B. 10   C. 8   D. 20

194. 无突出危险区煤巷掘进工作面必须执行区域探测措施，探测钻孔不少于（　　）个。

A. 2   B. 6   C. 3   D. 9

195. 区域探测措施由主管矿井（　　）按要求编制设计。

A. 矿长   B. 总工程师   C. 防突副总   D. 防突科长

二、判断题

1. 煤与瓦斯突出是矿井中一种复杂的动力现象，也是煤矿一种严重的自然灾害。（　　）

2. 煤与瓦斯突出的一般规律是随着开采深度的增加，突出危险性逐渐增大。（　　）

3. 根据综合假说理论，采掘活动是发生煤与瓦斯突出的诱因。（　　）

4. 煤与瓦斯突出危险性预测的目的和意义是使防突工作建立在科学检测手段的基础上。（　　）

5. 根据预测范围不同，把煤层划分为突出煤层和非突出煤层。（　　）

6. 突出危险工作面技术管理原则：进行采掘作业前，必须采取防突措施。（　　）

7. 突出矿井不一定要实施入井检身制度，但入井必须随身携带自救器。（　　）

8. 井下有煤岩与瓦斯突出危险的采煤工作面不得使用下行通风。（　　）

9. 煤矿井下的动力现象指的是发生在巷道周围的一切具有运动和声响特征的现象。（　　）

10. 对于瓦斯涌出量主要来自突出煤层的采煤工作面，只有当瓦斯预抽防突效果和煤的可解吸瓦斯量指标都满足达标要求时，方可判定该工作面瓦斯预抽效果达标。（　　）

11. 煤（岩）与瓦斯突出是破碎的煤岩和瓦斯在地应力的共同作用下，由煤体或岩体内突然向采掘工作面抛出的动力现象。（　　）

12. 在有突出危险的采煤工作面，可采用松动爆破作为防突措施。（　　）

13. 煤与瓦斯压出现象的主要作用是地应力。（　　）

14. 发生倾出的主要因素是瓦斯量突然增大。（　　）

15. 突出矿井的管理人员和井下工作人员必须接受防突知识的培训，经考试合格后方

准上岗作业。（　　）

16. 一个矿井只要有一个煤层发生突出，此矿井就鉴定为突出矿井。（　　）

17. 突出矿井进行采掘作业前，未按要求采取区域综合防突措施的，可以进行采掘活动。（　　）

18. 在煤与瓦斯突出矿井工作面采用串联通风时，必须制定安全措施。（　　）

19. 有煤与瓦斯突出危险的掘进工作面的进风侧必须安设防突反向风门。（　　）

20. 用钻屑指标法预抽煤巷掘进工作面突出危险性中，钻屑解吸指标（Δh_2）的临界值为 200 Pa（干煤）和 160 Pa（湿煤）。（　　）

21. 开采突出煤层时，应优先选择区域性防突措施。（　　）

22. 石门与突出煤层中已掘巷道贯通时，被贯通巷道应超过石门贯通位置 5 m 以上，并保持正常通风。（　　）

23. 开采有瓦斯喷出或有煤（岩）与瓦斯（二氧化碳）突出危险的煤层时，最多允许 2 个工作面之间串联通风。（　　）

24. 矿长是矿井防突管理的第一责任者，对防突管理工作负全面领导责任。（　　）

25. 总工程师是矿井防突技术管理的第一责任者，对防突管理工作负技术领导责任。（　　）

26. 在无突出危险工作面进行采掘作业时，可不采取防治突出措施。（　　）

27. 深孔松动爆破时，必须执行撤人、停电、设警戒、远距离爆破、反向风门等安全技术措施。（　　）

28. 工作面的前方一般有三个应力带，分别是卸压带、集中应力带和正常应力带。（　　）

29. 突出矿井、有突出煤层的采区、突出煤层工作面都有独立的回风系统。（　　）

30. 突出煤层采掘工作面回风侧设置调节风量的设施必须牢固可靠。（　　）

31. 突出煤层掘进工作面的通风方式必须采用压入式。（　　）

32. 倾角为 8° 以上的上山掘进工作面必须选用松动爆破、水力冲孔、水力疏松措施。（　　）

33. 强度小于 50 t/次的突出是小型突出。（　　）

34. 突出区域具有不均衡性。（　　）

35. 突出的气体都是甲烷。（　　）

36. 煤与瓦斯突出时压出没有危险性。（　　）

37. 煤与瓦斯突出包括三个基本形式：压出、倾出和突出。（　　）

38. 突出矿井的入井人员必须随身携带隔离式自救器。（　　）

39. 突出煤层掘进工作面的通风方式采用抽出式。（　　）

40. 突出矿井的防突员，属于特种作业人员，每季度必须接受一次煤矿三级及以上安全培训机构组织的防突知识、操作技能的专项培训。（　　）

41. 煤层残余瓦斯压力小于 0.74 MPa 或残余瓦斯含量小于 8 m^3/t 的预抽区域为无突出危险区。（　　）

42. 矿工自救时，佩戴自救器后，若感到吸入的空气干热灼烫，应立即取下透气。（　　）

43. 突出矿井采掘工作面必须设压风自救装置。　　　　　　　　　　（　　）

44. 突出煤层在区域防突措施执行确认安全后方可进行采掘活动。　（　　）

45. 工作面防突措施是针对经工作面预测尚有突出危险的局部煤层实施的防突措施。
　　　　　　　　　　　　　　　　　　　　　　　　　　　　　　　　（　　）

46. 突出矿井开采保护层时必须开采煤层。　　　　　　　　　　　　（　　）

47. 区域防突措施包括开采上保护层和开采下保护层。　　　　　　　（　　）

48. 煤层瓦斯压力大于 0.74 MPa 的煤层有突出危险性，需进行下一步预测。（　　）

49.《防治煤与瓦斯突出规定》自 2009 年 8 月 1 日开始实施的。　　（　　）

50.《防治煤与瓦斯突出规定》共七章、一百二十四条。　　　　　　（　　）

51. 防突工作坚持区域防突措施先行、局部防突措施补充的原则。　（　　）

52. 煤巷掘进和回采工作面应保留 4 m 的最小预测超前距。　　　　（　　）

53. 预测无突出危险工作面，每预测循环应留有 2 m 的预测超前距。（　　）

54.《防治煤与瓦斯突出规定》将煤层瓦斯风化带定为无突出危险区。（　　）

55. 没有进行区域预测的区域视为无突出危险区。　　　　　　　　　（　　）

56. 地测部门在采掘工作面距未保护区边缘 30 m 前编制临近未保护区通知单。
　　　　　　　　　　　　　　　　　　　　　　　　　　　　　　　　（　　）

57. 突出矿井开采的非突出煤层和高瓦斯矿井的开采煤层在延深达到或超过 50 m 或开拓新区时，必须测定煤层瓦斯压力、瓦斯含量等参数。　　（　　）

58.《防治煤与瓦斯突出规定》将有突出危险区的埋深比实际突出点上提 10 m。
　　　　　　　　　　　　　　　　　　　　　　　　　　　　　　　　（　　）

59. 测定煤层瓦斯压力、瓦斯含量等参数的测试点沿煤层走向布置不少于 2 个，沿倾向不少于 3 个。　　　　　　　　　　　　　　　　　　　　　　　　（　　）

60. 突出煤层的掘进工作面与煤层巷道交叉贯通前，被贯通巷道必须超过贯通位置，其超前距不得小于 5 m。　　　　　　　　　　　　　　　　　　　（　　）

61. 区域防突措施应当优先采用开采保护层。　　　　　　　　　　　（　　）

62. 突出煤层的煤、半煤岩炮掘和炮采工作面，应使用安全等级不低于三级的煤矿许用含水炸药。　　　　　　　　　　　　　　　　　　　　　　　　　（　　）

63. 在无突出危险工作面进行采掘作业时，可不采取防治突出措施，但必须采取安全防护措施。　　　　　　　　　　　　　　　　　　　　　　　　　（　　）

64. 突出矿井必须对突出煤层进行区域突出危险性预测（简称区域预测）和工作面突出危险性预测（简称工作面预测）。　　　　　　　　　　　　　　（　　）

65. 预测煤层突出危险性时，煤层瓦斯压力临界值指标为 0.74 MPa。（　　）

66. 经区域突出危险性预测后，可分为突出危险区和无突出危险区。（　　）

67. 突出矿井的防突员属于特殊作业人员，两年时间必须接受一次煤矿三级及以上的安全培训机构组织的专项培训。　　　　　　　　　　　　　　　　（　　）

68. 开采保护层分为上保护层和下保护层两种。　　　　　　　　　　（　　）

69.《煤与瓦斯突出规定》规定瓦斯突出矿井严禁使用电架线电机车。（　　）

70. 在突出煤层中进行采掘作业，爆破工必须是专职的，而且固定在同一工作面工作。　　　　　　　　　　　　　　　　　　　　　　　　　　　　　　（　　）

71. 突出煤层鉴定工作应当首先根据实际情况的瓦斯动力现象进行。（　　）

72. 煤矿企业的主要负责人、技术负责人应当每个月至少一次到现场检查各项防突措施的落实计划。（　　）

73. 突出煤层、突出矿井的鉴定工作由煤矿企业委托有突出危险性鉴定资质的单位进行。（　　）

74. 突出矿井采掘工作面应遵循不掘突出头、不采突出面的原则。（　　）

75. 突出煤层采煤工作面应选用刨煤机或浅截深采煤机采煤。（　　）

76. 突出矿井的入井必须随身携带过滤式自救器。（　　）

77. 突出矿井的井巷揭穿突出煤层前，应具有独立可靠的通风系统。（　　）

78. 突出煤层的掘进工作应当避开邻近煤层采煤工作面的压力集中范围。（　　）

79. 在突出煤层的煤巷中安装、更换、维修或回收支架时，必须采取预防煤体垮落而引起突出的措施。（　　）

80. 《防治煤与瓦斯突出规定》中的"明显突出预兆"一般指喷孔。（　　）

81. 选择开采下保护层时不得破坏保护层的开采条件。（　　）

82. 在突出过程中起着推动煤体抛出、实现突出的动力作用的是瓦斯。（　　）

83. 开采有煤与瓦斯突出的煤层严禁任何两个工作面串联通风。（　　）

84. 煤层瓦斯压力达到或者超过 0.74 MPa 时立即进行突出煤层鉴定。（　　）

85. 突出矿井在编制年度、季度、月度生产建设计划时，必须统一编制年度、季度、月度防突措施计划，使抽、掘、采平衡。（　　）

86. 同一地质单元就是指地质特征相近的、未受到大的地质构造阻隔的一片区域。（　　）

87. 石门揭煤工作面采用预抽瓦斯、排放钻孔防突措施时，钻孔直径采用 75~120 mm。（　　）

88. 突出危险工作面进行采掘作业前，必须采取防治突出措施。（　　）

89. 突出煤层掘进工作面应当避开邻近煤层采煤工作面的应力集中范围。（　　）

90. 对突出孔洞应当及时充填封闭严实或进行支护。（　　）

91. 当突出工作面恢复采掘作业时，应当在 20 m 范围内加强支护。（　　）

92. 煤与瓦斯突出矿井可以使用架线式电机车。（　　）

93. 煤矿企业主要负责人、技术负责人应当每季度至少一次到现场检查各项防突措施的落实情况。（　　）

94. 石门揭煤工作面钻孔控制范围：石门的两侧和上部轮廓线外至少 5 m，下部至少 3 m。（　　）

95. 煤与瓦斯突出按突出的强度分为 5 类。（　　）

96. 瓦斯突出与瓦斯喷出都属于矿井瓦斯的普通涌出方式。（　　）

97. 在有煤（岩）与二氧化碳突出危险的采掘工作面，必须每班检查 2 次二氧化碳浓度。（　　）

98. 矿井在采掘过程中只要发生过一次煤与瓦斯突出，该矿井即为突出矿井。发生突出的煤层即为突出煤层。（　　）

99. 煤层突出危险性随着开采深度增加而减小。（　　）

100. 煤层突出危险性随着煤厚的增加而减小。（　）

101. 由于地质条件或其他原因不能执行所规定的防突措施时，必须立即停止作业，及时向有关单位汇报。（　）

102. 瓦斯专用回风巷内严禁安装任何电气设备，但可以行人。（　）

103. 煤与瓦斯突出大多发生在地质构造带。（　）

104. 突出煤层掘进巷道必须采用压入式通风。（　）

105. 井下发生煤与瓦斯突出事故，为防止灾情扩大，根据当时情况可以对矿井进行停风和反风。（　）

106. 避难硐室内必须安设压风自救装置和直通矿调度室的电话，另外还须安设水管等避灾自救物品。（　）

107. 在煤矿井下采掘过程中，在极短时间内（几秒或几分钟），突然从煤岩体内喷出大量的煤岩与瓦斯的现象，就叫煤与瓦斯突出，简称突出。（　）

108. 开采突出煤层时，工作面回风侧不应设置风窗，可以在防突反向风门上设置调节风窗。（　）

109. 设置在防突风门墙体下部的刮板输送机通道上平面距刮板输送机中部槽上平面不得大于0.2 m，且必须安设防逆风装置。（　）

110. 煤层突出的危险性随煤层含水量的增加而减小。（　）

111. 在采掘工作面出现明显的突出预兆时，应立即打开自救器戴好，然后按避灾路线撤到安全的地方。（　）

112. 突出的煤向外抛出距离较远，具有明显的分选现象。（　）

113. 突出的煤堆积角小于煤的自然安息角。（　）

114. 突出的煤破碎程度较高，含有大量的块煤和手捻无粒感的煤粉。（　）

115. 压出孔洞呈口小腔大的梨形、舌形、倒瓶形以及其他分岔形等。（　）

116. 突出可能无孔洞或呈口大腔小的楔形孔洞。（　）

117. 突出矿井是指在矿井的开拓、生产范围内有突出煤层的矿井。（　）

118. 突出煤层的任何区域的任何工作面进行揭煤和采掘作业前，必须采取安全防护措施。（　）

119. 瓦斯喷出区域和煤（岩）与瓦斯（二氧化碳）突出煤层的掘进通风方式可以不采用压入式。（　）

120. 突出煤层采掘工作面回风侧不得设置调节风量的设施。（　）

121. 在突出煤层的煤巷中安装、更换、维修或回收支架时，必须采取预防煤体垮落而引起突出的措施。（　）

122. 井巷揭穿突出煤层的地点应尽量避开地质构造带。（　）

123. 煤与瓦斯突出矿井，在无突出危险工作面进行采掘时，可不采取安全防护措施。（　）

124. 采取金属骨架措施预防煤与瓦斯突出时，揭穿煤层后，应拆除或回收骨架。（　）

125. 在突出矿井开采煤层群时，必须首先开采保护层。（　）

126. 有煤与瓦斯突出危险的掘进工作面的进风侧必须安设防突反向风门。（　）

127. 防突措施分为区域性防突措施和局部防突措施两类。（　）

128. 开采深度增加,突出危险性减小。　　　　　　　　　　　　　　(　　)

129. 对预抽煤层瓦斯区域防突措施进行检验时,均应当首先分析、检查预抽区域内钻孔的分布等是否符合设计要求,不符合设计要求的,不予检验。　(　　)

130. 无突出危险工作面必须在采取安全防护措施并保留足够的突出预测超前距或防突措施超前距的条件下进行采掘作业。　　　　　　　　　　　(　　)

131. 在揭煤工作面用远距离爆破揭开突出煤层后,若未能一次揭穿至煤层顶(底)板,则仍应当按照远距离爆破的要求执行,直至完成揭煤作业全过程。　(　　)

132. 煤与瓦斯突出按突出现象的力学特征分为突出、倾出。　　　　　(　　)

133. 所谓突出煤层,是指在矿井井田范围内发生过突出的煤层或者经鉴定有突出危险的煤层。　　　　　　　　　　　　　　　　　　　　　　　(　　)

134. 有突出矿井的煤矿企业主要负责人及突出矿井的矿长是本单位防突工作的第二责任人。　　　　　　　　　　　　　　　　　　　　　　　　　(　　)

135. 有突出矿井的煤矿企业,突出矿井应当设置防突机构和各级岗位责任制。(　　)

136. 防突工作坚持区域防突措施先行,局部防突措施补充的原则。　　　(　　)

137. 有突出危险的新建矿井及突出矿井的新水平,必须编制防突专项设计。(　　)

138. 煤(岩)与瓦斯突出矿井严禁使用架线式电机车。　　　　　　　(　　)

139. 清理突出的煤炭时,应当制定防煤尘、防火源的安全技术措施。　(　　)

140. 有突出矿井的煤矿企业,突出矿井应当设置满足防突工作需要的专业防突队伍。　　　　　　　　　　　　　　　　　　　　　　　　　　(　　)

141. 突出矿井的管理人员和井下工作人员必须接受专业知识的培训,经考试合格方准上岗作业。　　　　　　　　　　　　　　　　　　　　　　　(　　)

142. 有突出矿井的煤矿企业和突出矿井的主要负责人、技术负责人应当接受煤矿三级及以上安全培训机构组织的防突专项培训。　　　　　　　　　　(　　)

143. 突出煤层区域预测的范围由煤矿企业根据突出矿井的开拓方式、巷道布置等情况划定。　　　　　　　　　　　　　　　　　　　　　　　　(　　)

144. 开拓后区域预测结果用于指导工作面的设计和采掘生产作业。　　(　　)

145. 经开拓后区域预测为突出危险区的煤层,必须采取区域的防突措施并进行区域措施效果检验。　　　　　　　　　　　　　　　　　　　　　(　　)

146. 区域防突措施与工作面防突措施的最大区别就在于措施作用范围的不同,区域措施的作用范围更大。　　　　　　　　　　　　　　　　　(　　)

147. 对于有突出危险煤层,应采取开采保护层或预抽煤层瓦斯等区域性防治突出措施。　　　　　　　　　　　　　　　　　　　　　　　　　(　　)

148. 开采突出煤层时,必须采取突出危险性预测、防治突出措施、防治突出措施的效果检验、安全防护措施等综合防治突出措施。　　　　　　　(　　)

149. 石门斜井揭穿突出煤层前,必须准确控制煤层层位,掌握煤层的赋存位置、形态。　　　　　　　　　　　　　　　　　　　　　　　　　　(　　)

150. 当石门或立井、斜井揭穿厚度小于 0.1 m 的突出煤层时,可直接用远距离爆破方式揭穿煤层。　　　　　　　　　　　　　　　　　　　　(　　)

151. 煤的破坏类型越高,其解吸速度也越大。　　　　　　　　　　(　　)

152. 采煤工作面的松动爆破防突措施适用于煤质较硬、围岩稳定性很好的煤层。( )

153. 在突出煤层的石门揭煤和煤巷掘进工作面进风侧，必须设置至少 1 道牢固可靠的反向风门，风门之间的距离不得小于 4 m。 ( )

154. 区域防突应采用开采保护层措施。 ( )

155. 突出矿井首次开采某个保护层时，应当对被保护层进行区域措施效果检验及保护范围的实际考察。 ( )

156. 煤层瓦斯压力或者瓦斯含量进行区域预测临界值应当由具有突出危险性鉴定资质的单位进行试验考察。 ( )

157. 开采保护层分为上保护层和下保护层等 4 种方式。 ( )

158. 厚煤层分层开采时，预抽钻应控制开采的分层及其上部至少 30 m，下部至少 20 m。
( )

159. 在工作面进入无突出危险区域时，立即连续进行至少 3 次区域验证。 ( )

160. 对无突出危险区进行区域验证时，工作面每推进 10～30 m，至少进行 2 次区域验证。 ( )

161. 在构造破坏带连续进行区域验证。 ( )

162. 采掘工作面经工作面预测后划分为突出危险工作面和无突出危险工作面。
( )

163. 突出危险工作面必须采取工作面防突措施，进行措施效果检验。 ( )

164. 工作面预测有突出危险时，不用采取工作面防突措施。 ( )

165. 井巷揭穿突出煤层和突出煤层的炮掘、炮采工作面必须采取远距离爆破安全防护措施。 ( )

166. 突出煤层的采掘工作面应设置工作面避难所或压风自救系统。 ( )

167. 远距离爆破必须和其他安全设施配合使用，如反向风门、避难硐室、压风自救装置、压缩氧自救器等。 ( )

168. 安全防护措施应当按照防治煤与瓦斯突出的安全防护措施实施。 ( )

169. 预测为无突出危险工作面时，每预测循环应留有不小于 2 m 的预测超前距。
( )

170. 预测突出煤层工作面突出危险性的突出预兆法，主要是通过观察工作面的各种现象来判断。 ( )

171. 防治煤与瓦斯突出的技术措施分为区域性措施和局部性措施。 ( )

172. 采掘工作面必须采取"五位一体"的综合防突措施。 ( )

173. 对于煤层，通过预测划分为突出煤层和非突出煤层。 ( )

174. 采掘工作面突出危险等级划分为突出危险工作面和无突出危险工作面。 ( )

175. 煤的破坏类型，一般应由地质部门进行鉴定和区分。 ( )

176. 预测煤层突出危险性的指标有 3 个。 ( )

177. 突出煤层某区域的突出危险性预测方法有两种，即瓦斯地质统计法和综合指标法，可采用任意一种方法进行预测。 ( )

178. 有突出矿井的煤矿企业主要负责人及突出矿井的矿长是本单位防突工作的第一责任人。 ( )

179.《防治煤与瓦斯突出规定》里所称突出煤层,是指在矿井井田范围内发生过突出的煤层或者经鉴定有突出危险的煤层。　　　　　　　　　　　　　（　　　）

180.《防治煤与瓦斯突出规定》里所称突出矿井,是指在矿井的开拓、生产范围内有突出煤层的矿井。　　　　　　　　　　　　　　　　　　　　　　　　（　　　）

181. 区域综合防突措施包括区域突出危险性预测、区域防突措施、区域措施效果检验、区域验证。　　　　　　　　　　　　　　　　　　　　　　　　　　（　　　）

182. 局部综合防突措施包括工作面突出危险性预测、工作面防突措施、工作面措施效果检验、安全防护措施。　　　　　　　　　　　　　　　　　　　　　（　　　）

183. 防突工作坚持局部防突措施先行、区域防突措施补充的原则。　　　（　　　）

184. 区域防突工作应当做到多措并举、可保必保、应抽尽抽。　　　　（　　　）

185. 突出矿井采掘工作应做到不掘突出头,不采突出面。　　　　　　（　　　）

186. 未按要求采取区域综合防突措施的,严禁进行采掘活动。　　　　（　　　）

187. 煤层有瓦斯动力现象的应当按照突出煤层管理。　　　　　　　　（　　　）

188. 相邻矿井开采的同一煤层发生突出的,应当按照突出煤层管理。　（　　　）

189. 煤层瓦斯压力达到或者超过 0.74 MPa 的,应当按照突出煤层管理。（　　　）

190. 煤矿发生瓦斯动力现象造成生产安全事故,经事故调查认定为突出事故的,该煤层即为突出煤层,该矿井即为突出矿井。　　　　　　　　　　　　　　（　　　）

191. 突出煤层鉴定应当首先根据实际发生的瓦斯动力现象进行。　　　（　　　）

192. 突出矿井可以不用建立满足防突工作要求的地面永久瓦斯抽采系统。（　　　）

193. 突出矿井的入井人员不用随身携带隔离式自救器。　　　　　　　（　　　）

194. 突出煤层的掘进工作面应当避开临近煤层采煤工作面的应力集中范围。（　　　）

195. 有煤（岩）与瓦斯突出危险的采掘工作面,有瓦斯喷出危险的采掘工作面和瓦斯涌出较大、变化异常的采掘工作面,必须有专人经常检查,并安设甲烷断电仪。（　　　）

196. 有煤（岩）与二氧化碳突出危险的采掘工作面,二氧化碳涌出量较大、变化异常的采掘工作面,必须有专人经常检查二氧化碳浓度。　　　　　　　　（　　　）

197. 有突出危险的新建矿井或突出矿井开拓的新水平的井巷第一次揭穿（开）各煤层时,不用测定煤层瓦斯压力、瓦斯含量及其他与突出危险性相关的参数。（　　　）

198. 对有突出危险的新建矿井,突出矿井的新水平、新采区,必须编制防治突出煤层突出的设计。　　　　　　　　　　　　　　　　　　　　　　　（　　　）

199. 开采保护层的采区,应充分利用保护层的保护范围。　　　　　　（　　　）

200. 应尽可能减少石门揭穿突出煤层的次数,揭穿突出煤层地点应避开地质构造带。
　　　　　　　　　　　　　　　　　　　　　　　　　　　　　　　（　　　）

201. 在同一突出煤层的同一区段的集中应力影响范围内,不得布置 2 个工作面相向回采或掘进。　　　　　　　　　　　　　　　　　　　　　　　　　（　　　）

202. 突出煤层的掘进工作面,应避开本煤层或邻近煤层采煤工作面的应力集中范围。
　　　　　　　　　　　　　　　　　　　　　　　　　　　　　　　（　　　）

203. 突出矿井必须及时编制矿井瓦斯地质图。　　　　　　　　　　　（　　　）

204. 在突出煤层顶底板掘进岩巷时,必须定期验证地质资料,及时掌握施工动态和围岩变化情况,防止误穿突出煤层。　　　　　　　　　　　　　　　　（　　　）

205. 开采突出煤层时，每个采掘工作面的专职瓦斯检查工必须随时检查瓦斯，掌握突出预兆。　　　　　　　　　　　　　　　　　　　　　　　　　　　　　（　　）

206. 突出煤层中的突出危险区、突出威胁区，严禁采用放顶煤采煤法、水力采煤法、非正规采煤法采煤。　　　　　　　　　　　　　　　　　　　　　　　　　（　　）

207. 突出煤层中的突出危险区、突出威胁区的采掘工作面严禁使用风镐作业。

　　　　　　　　　　　　　　　　　　　　　　　　　　　　　　　　（　　）

208. 有突出危险的采掘工作面爆破落煤前，所有不装药的眼、孔都应用不燃性材料充填，充填深度应不小于爆破孔深度的 1.5 倍。　　　　　　　　　　　　（　　）

209. 在有煤（岩）与瓦斯突出危险的矿井中进行电焊、气焊和喷灯焊接时，必须停止突出危险区内的一切工作。　　　　　　　　　　　　　　　　　　　　（　　）

210. 突出矿井及突出煤层的鉴定，由煤矿企业委托具有煤与瓦斯突出危险性鉴定资质的单位进行。　　　　　　　　　　　　　　　　　　　　　　　　　　（　　）

三、多项选择题

1. 区域综合防突措施包括（　　）。
A. 区域突出危险性预测　　　　　　　　B. 区域防突措施
C. 区域措施效果检验　　　　　　　　　D. 区域验证

2. 局部综合防突措施包括（　　）。
A. 工作面突出危险性预测　　　　　　　B. 工作面防突措施
C. 工作面防突措施效果检验　　　　　　D. 安全防护措施

3. 区域防突工作应做到（　　）。
A. 多措并举　　　B. 可保必保　　　C. 应抽尽抽　　　D. 效果达标

4. 在（　　）情况下，应当立即进行突出煤层鉴定。
A. 煤层有瓦斯动力现象　　　　　　　　B. 相邻矿井开采同一煤层发生突出的
C. 煤层瓦斯压力达到或超过 0.74 MPa 的　D. 瓦斯含量达到 8 m^3/t 的

5. 采掘工作面预测后划分为（　　）工作面。
A. 突出危险工作面　　　　　　　　　　B. 无突出危险工作面
C. 突出威胁工作面　　　　　　　　　　D. 无突出威胁工作面

6. 突出矿井井下人员的培训包括（　　）。
A. 防突基本知识　　　　　　　　　　　B. 区域和局部综合防突措施
C. 突出的危害及情况　　　　　　　　　D. 防突的规章制度等内容

7. 煤与瓦斯突出按突出现象的力学特征分为（　　）。
A. 突出　　　　　B. 压出　　　　　C. 倾出　　　　　D. 倒出

8. 煤与瓦斯突出按突出的强度分为（　　）。
A. 小型突出　　　B. 中型突出　　　C. 大型突出　　　D. 特大型突出

9. 瓦斯地质图在防突工作中的作用包括（　　）。
A. 危险性预测　　B. 危险带预测　　C. 提供依据　　　D. 危险区判断

10. 石门揭煤工作面突出危险性预测的方法主要有（　　）。
A. 测定煤层瓦斯压力法　　　　　　　　B. 综合指标法

C. 钻屑瓦斯解析指标法　　　　　　　　　　D. 水力冲孔

11. 石门揭煤工作面的防突措施主要有（　　）。

A. 预抽瓦斯　　　　　B. 排放钻孔　　　　C. 水力冲孔　　　　D. 金属骨架

12. 下列选项中属于突出台账的内容有（　　）。

A. 煤种类型　　　　　B. 突出时间　　　　C. 支架间距　　　　D. 突出类型

E. 突出伤亡情况

13. 突出矿井开采的非突出煤层和高瓦斯矿井的开采煤层，在延深达到或超过 50 m 或开拓新采区时，必须测定（　　）。

A. 煤层瓦斯压力　　　　　　　　　　　B. 瓦斯含量

C. 其他与突出危险性相关的参数　　　　D. 坚固性系数

14. 采煤工作面采取的防突措施有（　　）。

A. 超前排放钻孔　　　B. 预抽瓦斯　　　　C. 松动爆破　　　　D. 注水湿润煤体

15. 瓦斯爆炸的条件有（　　）。

A. 瓦斯爆炸的浓度范围为 5% ~16%　　　B. 引爆火源温度为 650 ~750 ℃

C. 空气中的氧气含量大于 12%

16. 鉴定突出煤层的指标有（　　）。

A. 煤层的最大瓦斯压力　　　　　　　　B. 软分层煤的破坏类型

C. 煤的瓦斯放散初速度　　　　　　　　D. 煤的坚固性系数

17. 控制煤与瓦斯的地质因素有（　　）。

A. 突出煤系和突出煤层的特征　　　　　B. 地质构造类型

C. 煤层瓦斯含量和瓦斯压力　　　　　　D. 地应力和煤体结构

18. 开采保护层的保护效果检验主要采用（　　）指标。

A. 残余瓦斯压力　　　　　　　　　　　B. 残余瓦斯含量

C. 顶底板位移量　　　　　　　　　　　D. 其他经证实有效的指标和方法

19. 煤巷掘进工作面突出危险性预测的方法有（　　）。

A. 钻屑指标法　　　　　　　　　　　　B. 复合指标法

C. R 值指标法　　　　　　　　　　　　D. 其他经实验证实有效的方法

20. 安全防护措施包括（　　）。

A. 远距离爆破　　　B. 压风自救装置　　C. 避难硐室　　　　D. 隔离式自救器

21. 瓦斯治理的"十二字"方针包括（　　）。

A. 先抽后采　　　　B. 监测监控　　　　C. 以风定产　　　　D. 效果达标

22. 按现行我国关于煤与瓦斯突出预测的规定，突出危险性预测分为（　　）。

A. 区域性预测　　　B. 工作面预测　　　C. 开拓前预测　　　D. 开拓后预测

23.《煤矿安全规程》的特点是（　　）。

A. 强制性　　　　　B. 科学性　　　　　C. 规范性　　　　　D. 稳定性

24. 对于有突出危险煤层应采取（　　）等区域性防治突出措施。

A. 开采保护层　　　B. 钻孔排瓦斯　　　C. 预抽煤层瓦斯　　D. 金属骨架

25. 井巷揭穿突出煤层和在突出煤层中进行采掘作业时，必须采取（　　）等安全防护措施。

A. 隔离式自救器　　B. 远距离爆破　　　C. 避难硐室　　　D. 反向风门

E. 压风自救系统

26.《煤矿重大安全生产隐患认定办法（试行）》规定的"煤与瓦斯突出矿井，未依照规定实施防突出措施"是指（　　　）。

A. 未进行区域突出危险性预测的　　　　B. 未采取防治突出措施的

C. 未进行防治突出措施效果检验的　　　D. 未采取安全防护措施的

E. 未按规定配备防治突出装备和仪器的

27. 我国煤炭工业安全生产方针较为完善的提法是（　　　）。

A. 安全第一　　　B. 预防为主　　　C. "管理、装备、培训"并重

D. 综合治理　　　E. 整体推进

28. 在突出煤层的煤巷中（　　　）支架时，必须采取预防煤体垮落而引起突出的措施。

A. 安装　　　　　B. 更换　　　　　C. 维修　　　　　D. 回收

29. 清理突出的煤炭时，应当制定（　　　）、防火源的安全技术措施。

A. 防煤尘　　　　B. 防瓦斯超限　　　C. 防片帮　　　　D. 防冒顶

30. 突出矿井的通风系统应当符合（　　　）要求。

A. 井巷揭穿突出煤层前，具有独立的、可靠的通风系统

B. 煤（岩）与瓦斯突出煤层采区回风巷及总回风巷安设高低浓度甲烷传感器

C. 突出煤层采掘工作面回风侧不得设置调节风量的设施

D. 可以在井下安设辅助通风机

31. 煤（岩）与瓦斯突出矿井井下进行电焊、气焊和喷灯焊接时，必须停止突出煤层的（　　　）作业。

A. 掘进　　　　　B. 回采　　　　　C. 钻孔　　　　　D. 设备安装

E. 支护

32. 突出矿井的区（队）长、班组长和有关职能部门的工作人员的培训包括（　　　）等内容。

A. 突出的危害及发生的规律　　　　　B. 区域和局部综合防突措施

C. 煤矿生产技术　　　　　　　　　　D. 防突的规章制度

33. 瓦斯抽放按空间对象分（　　　）。

A. 开采层抽放　　B. 邻近层抽放　　C. 采空区抽放　　D. 围岩抽放

34. 瓦斯抽放按地应力对比分（　　　）。

A. 未卸压抽放　　B. 卸压抽放　　　C. 边掘边抽　　　D. 先抽后掘

35. 为增大煤层透气性，可以采取的措施有（　　　）。

A. 水力压裂　　　B. 水力割缝　　　C. 深孔爆破　　　D. 交叉钻孔

36. 下列选项中应进行抽放瓦斯的情况有（　　　）。

A. 高瓦斯矿井

B. 开采有煤与瓦斯突出危险煤层

C. 年产量 0.8 Mt 的矿井，绝对瓦斯涌出量大于 25 m^3/min

D. 矿井绝对瓦斯涌出量大于 40 m^3/min

37. 开采保护层的保护效果检验主要采用（　　　）及其他经试验证实有效的指标和方法。

A. 残余瓦斯压力　　　　　　　　　B. 残余瓦斯含量

C. 钻孔瓦斯涌出初速度　　　　　　D. 顶底板位移量

38. 煤巷掘进工作面采用超前钻孔作为工作面防突措施时，应当符合的要求有（　　　）。

A. 钻孔直径一般为 75～120 mm

B. 地质条件变化剧烈地带也可采用直径为 42～75 mm 的钻孔

C. 煤层赋存状态发生变化时，及时探明情况，再重新确定超前钻孔的参数

D. 钻孔施工前，加强工作面支护，打好迎面支架，背好工作面煤壁

39. 采煤工作面可采用的工作面防突措施有（　　　）或其他经试验证实有效的防突措施。

A. 超前排放钻孔　　B. 预抽瓦斯　　　C. 松动爆破　　　　D. 注水湿润煤体

40. 有突出煤层的采区必须设置采区避难所。避难所应当符合的要求有（　　　）。

A. 避难所设置向外开启的隔离门　　B. 室内净高不得低于 2 m

C. 每人使用面积不得少于 0.5 m² 　　D. 有与矿（井）调度室直通的电话

E. 避难所内放置足量的饮用水，安设供给空气的设施

F. 避难所内应根据设计的最多避难人数配备足够数量的隔离式自救器

41. 石门揭煤采用远距离爆破时，必须制定包括（　　　）等的专项措施。

A. 爆破地点　　　　　　　　　　　B. 避灾路线

C. 休息的地点　　　　　　　　　　D. 停电、撤人和警戒范围

42. 石门揭煤工作面的防突措施包括（　　　）。

A. 预抽瓦斯　　　　B. 排放钻孔　　　C. 前探支架　　　D. 水力冲孔

43. 防突工在现场收集资料时，应做到（　　　）。

A. 全面　　　　　B. 真实　　　　　C. 可靠　　　　　D. 推断

E. 猜测

44. 处理采煤工作面回风隅角瓦斯积聚的方法有（　　　）。

A. 挂风障引流　　　　　　　　　　B. 尾巷排放瓦斯法

C. 风筒导风法　　　　　　　　　　D. 移动泵站抽放法等

45. 对于巷道中的一些冒落空洞积聚的瓦斯，可用下列（　　　）方法处理。

A. 充填法　　　　B. 引风法　　　C. 风筒分支排放法　D. 提高全风压法

46. 防止瓦斯积聚和超限的措施主要有（　　　）。

A. 加强通风　　　　　　　　　　　B. 加强瓦斯检查与监测

C. 及时处理局部积聚的瓦斯　　　　D. 瓦斯抽放

47. 瓦斯的主要性质有（　　　）。

A. 窒息性　　　　B. 扩散性　　　C. 燃烧性　　　　D. 爆炸性

E. 毒性

48. 煤矿安全生产方针确立的主要依据是（　　　）。

A. 煤矿生产的自然规律　　　　　　B. 煤矿生产的特殊条件

C. "安全第一"体现社会主义制度的优越性

D. "安全第一" 是保证矿工生命安全和发展煤炭生产的需要

E. 煤矿安全生产方针是国内外无数矿工血的教训的总结

49. 矿井瓦斯涌出量与 （　　） 有关。

A. 开采深度 　　　B. 开采范围 　　　C. 煤炭产量 　　　D. 瓦斯含量

50. 我国的矿井瓦斯等级目前分为三级, 即 （　　）。

A. 瓦斯矿井 　　　　　　　　　　B. 高瓦斯矿井

C. 煤与瓦斯突出矿井 　　　　　　D. 无瓦斯矿井

51. 煤层出现 （　　） 时应当立即进行煤与瓦斯突出鉴定。

A. 煤层有动力现象 　　　　　　　B. 相邻矿井同一煤层发生过突出

C. 煤层瓦斯压力达到或超过 0.74 MPa 　　　D. 煤层煤质较软

52. 下列 （　　） 属于石门揭煤采取的防突措施。

A. 水力冲孔 　　　B. 金属骨架 　　　C. 预抽煤层瓦斯 　　　D. 开采保护层

53. 煤与瓦斯突出前, 在瓦斯涌出方面的预兆有 （　　）。

A. 瓦斯忽大忽小 　　　B. 喷瓦斯 　　　C. 哨声 　　　D. 喷煤

54. 瓦斯爆炸必须同时具备 （　　） 的条件。

A. 瓦斯浓度在爆炸范围内 　　　　B. 一定的氧浓度

C. 在煤矿井下 　　　　　　　　　D. 高温热源及一定的存在时间

55. 煤与瓦斯突出前, 地压显现方面的预兆有 （　　）。

A. 煤炮声 　　　B. 煤岩开裂 　　　C. 底鼓 　　　D. 煤壁外鼓等

56. 煤与瓦斯突出前, 煤层结构和构造方面的预兆有 （　　）。

A. 煤体干燥、光泽暗淡 　　　　　B. 煤强度松软

C. 煤厚增大 　　　　　　　　　　D. 波状隆起

57. 下列 （　　） 措施可以预防煤与瓦斯突出。

A. 开采保护层 　　　B. 预抽煤层瓦斯 　　　C. 煤层注水 　　　D. 深孔松动爆破

58. 下列属于远距离爆破揭煤时应注意的事项有 （　　）。

A. 爆破前加强支护 　　　　　　　B. 爆破后半小时, 由救护队检查效果

C. 爆破时断电 　　　　　　　　　D. 爆破时人撤至安全地点

59. 下列属于突出预兆的有 （　　）

A. 工作面一氧化碳浓度增大 　　　B. 工作面煤层层理紊乱

C. 打钻时出现喷孔等动力现象 　　D. 工作面煤壁出现闷雷声

60. 矿井瓦斯等级划分依据 （　　）

A. 矿井绝对瓦斯涌出量 　　　　　B. 矿井相对瓦斯涌出量

C. 瓦斯涌出形式 　　　　　　　　D. 是否发生过煤与瓦斯突出

61. 煤矿 "三大规程" 是指 （　　）。

A. 煤矿生产规程 　　　　　　　　B. 《煤矿安全规程》

C. 岗位规程 　　　　　　　　　　D. 作业规程

E. 操作规程

62. 石门揭煤工作面的突出危险性预测应当选用 （　　）。

A. 综合指标法 　　　　　　　　　B. 钻屑瓦斯解吸指标法

C. 现场观察法　　　　　　　　　D. 其他经试验证实有效的方法

63. 下列属于安全防护措施的有（　　）。

A. 反向风门　　　　B. 压风自救系统　　C. 避难硐室　　　　D. 隔爆水棚

64. 突出矿井可以使用下列（　　）设备。

A. 架线式电机车　　B. 风镐　　　　　　C. 掘进机　　　　　D. 采煤机

65. 突出矿井防突员每年的专项培训有（　　）。

A. 防突的理论知识　　　　　　　　B. 突出发生的规律

C. 有关防突的规章制度　　　　　　D. 局部、综合防突措施

66. 矿井防突管理制度有（　　）。

A. 矿井防突管理责任制　　　　　　B. 防突技术管理制度

C. 防突现场跟班制度　　　　　　　D. 防突措施督促检查制度

E. 防突工作保障制度

67. 瓦斯喷出区域、高瓦斯矿井、煤（岩）与瓦斯（二氧化碳）突出矿井中，掘进工作面的局部通风机"三专两闭锁"，其中的"三专"是指（　　）。

A. 专用变压器　　　B. 专用线路　　　　C. 专人看管　　　　D. 专用开关

68. 突出矿井中容易聚集瓦斯的地点是（　　）。

A. 掘进头的下山　　B. 掘进头的上山　　C. 回风大巷　　　　D. 工作面的上隅角

69. 矿井瓦斯地质图中应标明（　　）。

A. 采掘进展　　　　B. 被保护层范围　　C. 地质构造　　　　D. 突出点位置

E. 瓦斯基本参数

70. 区域防突措施包括（　　）。

A. 开采保护层　　　　　　　　　　B. 预抽煤层瓦斯

C. 水力冲孔　　　　　　　　　　　D. 煤体固化

71. 防突工作坚持（　　）先行、局部防突措施补充的原则。

A. 预抽煤层瓦斯　　B. 开采保护层　　　C. 区域防突措施　　D. 区域措施效果检验

72. 下面（　　）是煤与瓦斯突出的基本特征。

A. 突出的煤向外抛出距离较远，具有明显的分选现象

B. 抛出的煤堆积角大于煤的自然安息角

C. 有明显的动力效应，破坏支架，推倒矿车，破坏和抛出安装在巷道内的设施

73. 判断突出现象的基本特征是（　　）。

A. 突出的固体物具有气体搬运的特征

B. 突出孔洞口小内大

C. 突出孔洞口大内小

D. 突出的固体物具有被高压气体粉碎的特征

E. 突出时大量的瓦斯喷出，有瓦斯逆流现象

74. 下面（　　）是压风自救装置应达到的要求。

A. 压风自救装置安装在掘进工作面巷道和回采工作面巷道内的压缩空气管道上

B. 每组压风自救装置应可供 5～8 人使用，平均每人的压缩空气供给量不得少于 0.1 m³/min

C. 压风自救装置必须完好

D. 压风自救装置可以安装在大巷里

75. 发生煤与瓦斯突出时，应采取（　　）应急措施。

A. 井下发生煤与瓦斯突出事故时，跟班队长（队长不在由班组长负责）、瓦检员、安检员组织指挥本单位人员迅速戴好自救器，安全撤离到反向风门以外的新鲜风流中，并尽快采取一切办法向调度室汇报。情况紧急时立即撤出到地面

B. 遇到无法撤退（通路被冒顶堵塞，有毒有害气体含量很高等）时，应迅速进入压风自救系统内或避难硐室等待救援。进入避难硐室前应在避难硐室外留有衣物、矿灯等明显标志以便救护队发现

C. 向矿调度室汇报事故时应说明事故地点、性质范围、程度和受灾人员等情况

D. 矿调度室接到电话后，根据事故的情况通知受威胁人员的撤退路线及地点，并根据情况通知井下受威胁区域切断电源，同时按顺序通知调度室主任、值班矿长、指挥长、指挥部成员到救灾指挥部（矿调度室）待命

76. 突出煤层中的突出危险区，严禁采用（　　）。

A. 放顶煤采煤法　　B. 水力采煤法　　C. 非正规采煤法　　D. 正规采煤法

77. 在地质勘探、新井建设、矿井生产时期应进行区域预测，把煤层划分为（　　）。

A. 突出煤层　　B. 非突出煤层　　C. 高瓦斯煤层　　D. 低瓦斯煤层

78. 预防突出的方法按作用范围来分，有（　　）。

A. 技术措施　　B. 组织措施　　C. 区域性防突

D. 防止突出发生的措施　　E. 局部性防突

79. 对防突工作面的爆破必须坚持（　　）。

A. 爆破前汇报请示制度　　B. 爆破后汇报制度

C. 爆破后、检查前请示制度　　D. 爆破后、检查后汇报制度

E. 瓦斯浓度分析制度

80. 煤与瓦斯突出的一般规律有（　　）。

A. 煤层突出危险性随采深增加而增大　　B. 绝大多数突出发生在煤巷掘进工作面

C. 煤层突出危险性随煤厚增加而加大　　D. 突出大多数发生在地质构造带

81. 煤与瓦斯突出分为（　　）。

A. 突出　　B. 压出　　C. 倾出　　D. 喷出

82. 突出危险工作面包括（　　）。

A. 在突出煤层的构造破坏带，包括断层、褶曲、火成岩侵入等

B. 煤层赋存条件急剧变化的区域

C. 采掘应力叠加的区域

D. 在工作面预测过程中出现喷孔、顶钻等动力现象

E. 工作面有明显突出预兆

83. 防治石门突出措施可选用抽放瓦斯和（　　）等措施。

A. 水力冲孔　　B. 排放钻孔　　C. 水力冲刷　　D. 金属骨架

84. 在突出危险区掘进煤巷时，可预测突出危险性的方法有（　　）。

A. 复合指标法　　B. R 值指标法

C. 钻屑指标法　　　　　　　　　　　D. 其他经验证有效的方法

85. 发生煤与瓦斯突出事故,不得采取（　　）。

A. 停风　　　　B. 反风　　　　C. 停电　　　　D. 撤人

86. 突出矿井每一入井人员必须配备（　　）自救器。

A. 过滤式自救器　B. 隔离式自救器　C. 压缩氧自救器　D. 化学氧自救器

87. 下列（　　）是突出煤层鉴定的单项指标临界值。

A. 破坏类型　　　B. 瓦斯放散初速度　C. 坚固性系数　　D. 瓦斯压力

88. 开采保护层有以下（　　）方式。

A. 开采上保护层　B. 开采下保护层　C. 开采邻近层　　D. 开采软分层

89. 预抽煤层瓦斯可采用的方式有（　　）。

A. 地面井预抽煤层瓦斯　　　　　　　B. 井下穿层钻孔预抽区段煤层瓦斯

C. 井下顺层钻孔预抽区段煤层瓦斯　　D. 穿层钻孔预抽石门揭煤区域煤层瓦斯

90. 根据煤层瓦斯压力或含量进行区域预测的临界指标是（　　）。

A. 煤层瓦斯压力小于 0.74 MPa　　　　B. 瓦斯含量小于 8 m^3/t

C. Δh_2 小于 200Pa　　　　　　　　D. 钻屑量小于 6 kg/m

91. 根据不同情况实施有针对性的防突措施的目的是（　　）。

A. 安全开采　　　B. 合理开采　　　C. 有计划开采　　D. 规范开采

E. 经济开采

92. 石门揭煤工作面的突出危险性预测的方法有（　　）。

A. 综合指标法　　　　　　　　　　　B. 钻屑瓦斯解吸指标法

C. 物探法　　　　　　　　　　　　　D. 地面试验法

93. 煤巷掘进工作面的突出危险性预测的方法有（　　）。

A. 钻屑指标法　　　B. 复合指标法　　　C. R 值指标法　　D. 物探法

94. 防突工应具备的素质有（　　）。

A. 较丰富的煤矿生产实践经验　　　　B. 事业心和法制观念强

C. 安全意识牢固　　　　　　　　　　D. 专业技术水平高

E. 工作作风好

95. 防突措施计划包括（　　）。

A. 年计划　　　　B. 季计划　　　　C. 月计划　　　　D. 旬计划

96. 煤与瓦斯突出危害的主要表现有（　　）。

A. 引起瓦斯燃烧和爆炸　　　　　　　B. 瓦斯使人窒息,煤流埋人

C. 摧毁巷道设备

97. 煤与瓦斯突出发生的原因至今还没有统一认识,研究者提出了许多假说,总的来讲可归纳为（　　）。

A. 瓦斯作用说　　　B. 地压作用说　　　C. 综合作用说

98. 随着开采深度增加,突出的次数将增多,这是由于（　　）也相应增大。

A. 瓦斯压力　　　B. 地压力　　　　C. 采掘活动

99. 大多数突出往往发生在地质构造带内,如（　　）。

A. 断层　　　　　B. 褶曲　　　　　C. 火成岩侵入区

100. 以下是有声预兆的是 （ ）。

A. 响煤炮　　　　B. 支架发出折裂声　C. 地压显现

101. 以下是无声预兆的是 （ ）。

A. 煤层结构与构造变化　　　　　　B. 地压显现

C. 瓦斯涌出异常　　　　　　　　　D. 气温变化

102. 当工作面恢复正常、无突出威胁后，矿井防突工应做好（ ）工作。

A. 保护突出现场　　B. 观测记录突出　C. 记录瓦斯浓度　D. 记录孔洞形状

103. 在突出煤层掘进上山时，不能采用的防突措施是（ ）。

A. 松动爆破　　　B. 水力冲孔　　　C. 水力疏松　　　D. 煤体卸压

104. 下列属于增加突出的反作用力的有（ ）。

A. 金属骨架　　　B. 前探钻孔　　　C. 前探支架

105. 瓦斯运移是一种经常而普遍的现象，瓦斯运移可分为（ ）。

A. 渗滤　　　　　B. 层移　　　　　C. 扩散　　　　　D. 聚焦

106. 瓦斯运移的基本方式是沿煤层或岩层的（ ）运移。

A. 空隙　　　　　B. 裂隙　　　　　C. 孔洞

107. 地应力一般被理解为采掘前方某一点所受各种自然应力的总和，它包括（ ）。

A. 地层重力　　　B. 构造应力　　　C. 采矿应力　　　D. 水平应力

108. 在地质条件复杂的块段应考虑（ ）对瓦斯分布的影响。

A. 褶曲　　　　　B. 断层　　　　　C. 承压水

答案

一、单项选择题

1. B	2. D	3. B	4. A	5. B	6. C	7. A	8. B	9. C	10. A
11. D	12. C	13. B	14. A	15. B	16. C	17. B	18. D	19. B	20. A
21. C	22. A	23. B	24. A	25. A	26. D	27. A	28. A	29. A	30. B
31. C	32. C	33. C	34. C	35. A	36. A	37. D	38. A	39. A	40. D
41. A	42. A	43. D	44. B	45. C	46. D	47. C	48. A	49. C	50. B
51. B	52. C	53. C	54. A	55. C	56. A	57. C	58. D	59. C	60. D
61. C	62. A	63. A	64. B	65. A	66. D	67. D	68. D	69. A	70. B
71. D	72. C	73. B	74. D	75. C	76. A	77. A	78. B	79. D	80. A
81. A	82. B	83. B	84. B	85. B	86. D	87. B	88. B	89. C	90. B
91. A	92. D	93. C	94. B	95. C	96. B	97. A	98. D	99. C	100. A
101. B	102. A	103. C	104. D	105. A	106. C	107. B	108. B	109. D	110. D
111. B	112. A	113. A	114. B	115. C	116. B	117. A	118. C	119. B	120. A

121. B　122. A　123. D　124. A　125. C　126. A　127. B　128. C　129. C　130. A

131. C　132. B　133. A　134. B　135. A　136. A　137. D　138. D　139. B　140. D

141. B　142. B　143. B　144. A　145. A　146. D　147. C　148. B　149. B　150. B

151. A　152. A　153. B　154. A　155. C　156. A　157. A　158. A　159. C　160. D

161. C　162. A　163. A　164. C　165. A　166. C　167. A　168. B　169. D　170. C

171. B　172. C　173. A　174. A　175. A　176. A　177. D　178. A　179. A　180. C

181. C　182. A　183. A　184. D　185. B　186. C　187. A　188. D　189. D　190. A

191. B　192. A　193. B　194. C　195. C　196. D

二、判断题

1. √　2. √　3. √　4. √　5. √　6. √　7. ×　8. √　9. √　10. √

11. √　12. √　13. √　14. ×　15. √　16. √　17. ×　18. ×　19. √　20. √

21. √　22. √　23. ×　24. √　25. √　26. ×　27. √　28. √　29. √　30. ×

31. √　32. ×　33. √　34. √　35. ×　36. ×　37. √　38. √　39. ×　40. ×

41. √　42. ×　43. √　44. ×　45. √　46. ×　47. ×　48. √　49. √　50. √

51. √　52. ×　53. √　54. √　55. √　56. ×　57. √　58. ×　59. √　60. √

61. √　62. √　63. √　64. ×　65. √　66. √　67. ×　68. √　69. √　70. √

71. √　72. ×　73. √　74. √　75. √　76. ×　77. √　78. √　79. √　80. √

81. √　82. ×　83. √　84. √　85. √　86. √　87. √　88. √　89. √　90. √

91. ×　92. ×　93. √　94. √　95. ×　96. ×　97. ×　98. √　99. ×　100. ×

101. √　102. ×　103. √　104. √　105. ×　106. √　107. ×　108. ×　109. √　110. √

111. √　112. √　113. √　114. √　115. ×　116. ×　117. √　118. √　119. ×　120. √

121. √　122. √　123. ×　124. ×　125. √　126. √　127. √　128. ×　129. √　130. √

131. √　132. ×　133. √　134. ×　135. ×　136. √　137. ×　138. √　139. ×　140. √

141. ×　142. ×　143. √　144. √　145. √　146. √　147. √　148. √　149. ×　150. ×

151. ×　152. ×　153. ×　154. √　155. √　156. √　157. ×　158. ×　159. ×　160. ×

161. √　162. √　163. √　164. √　165. √　166. √　167. √　168. √　169. √　170. √

171. √　172. ×　173. √　174. √　175. √　176. ×　177. √　178. √　179. √　180. √

181. √　182. √　183. ×　184. ×　185. √　186. √　187. √　188. √　189. √　190. √

191. √　192. ×　193. ×　194. √　195. √　196. √　197. ×　198. √　199. √　200. √

201. √　202. √　203. √　204. √　205. √　206. √　207. √　208. √　209. √　210. √

三、多项选择题

1. ABCD	2. ABCD	3. ABCD	4. ABC	5. AB
6. ABCD	7. ABC	8. ABCD	9. ABC	10. ABC
11. ABCD	12. BDE	13. ABC	14. ABCD	15. ABC
16. ABCD	17. ABCD	18. ABCD	19. ABCD	20. ABCD
21. ABC	22. AB	23. ABCD	24. AC	25. ABCDE
26. ABCDE	27. ABD	28. ABCD	29. ABCD	30. ABC
31. ABCE	32. ABD	33. ABCD	34. AB	35. ABCD
36. ABCD	37. ABD	38. ABCD	39. ABCD	40. ABCDEF
41. ABD	42. ABD	43. ABC	44. ABCD	45. ABC
46. ABCD	47. ABCD	48. ABCDE	49. ABCD	50. ABC
51. ABC	52. ABC	53. ABCD	54. ABD	55. ABCD
56. ABCD	57. ABCD	58. ABCD	59. BCD	60. ABCD
61. BDE	62. ABD	63. ABC	64. BCD	65. ABCD
66. ABCDE	67. ABD	68. BD	69. ABCDE	70. AB
71. C	72. AC	73. ABDE	74. ABC	75. ABCD
76. ABC	77. AB	78. CE	79. ABE	80. ABCD
81. ABC	82. ABCDE	83. ABCD	84. ABCD	85. AB
86. BCD	87. ABCD	88. AB	89. ABCD	90. AB
91. AB	92. AB	93. ABC	94. ABCDE	95. ABC
96. ABC	97. ABC	98. AB	99. ABC	100. AB
101. ABCD	102. ABCD	103. ABC	104. AC	105. ABC
106. AB	107. ABC	108. AB		

参 考 文 献

[1] 程远平 . 煤矿瓦斯防治理论与工程应用 [M] . 徐州：中国矿业大学出版社，2010.

[2] 程伟 . 煤与瓦斯突出危险性预测及防治技术 [M] . 徐州：中国矿业大学出版社，2010.

[3] 国家安全生产监督管理总局 . 防治煤与瓦斯突出规定 [M] . 北京：煤炭工业出版社，2009.

[4] 焦作矿业学院瓦斯地质研究室 . 瓦斯地质概论 [M] . 北京：煤炭工业出版社，1990.

[5] 国家安全生产监督管理总局宣传教育中心 . 煤矿职工防突专项培训通用教材 [M] . 徐州：中国矿业大学出版社，2009.

[6] 俞启香 . 矿井瓦斯防治 [M] . 徐州：中国矿业大学出版社，1992.

[7] 张子敏 . 瓦斯地质学 [M] . 徐州：中国矿业大学出版社，2009.

编 后 记

《特种作业人员安全技术培训考核管理规定》（国家安全生产监督管理总局令第30号 2010年5月24日）发布后，黑龙江省煤炭生产安全管理局非常重视，结合黑龙江省煤矿企业特点和煤矿特种作业人员培训现状，决定编写一套适合本省实际的煤矿特种作业人员安全培训教材。时任黑龙江省煤炭生产安全管理局局长王权和现任局长刘文波都对教材编写工作给予高度关注，为教材编写工作的顺利完成提供了极大的支持和帮助。

在教材的编审环节，编委会成员以职业分析为依据，以实际岗位需求为根本，以培养工匠精神为宗旨。严格按照煤矿特种作业安全技术培训大纲和安全技术考核标准，将理论知识作为基础，把深入基层的调查资料作为依据，努力使教材体现出教、学、考、用相结合的特点。编委会多次召开研讨会，数易其稿，经全体成员集中审定，形成审核稿，并请煤炭行业专家审核把关，完成了这套具有黑龙江鲜明特色的煤矿特种作业人员安全培训系列教材。

本套教材的编审得到了黑龙江龙煤矿业控股集团有限责任公司、黑龙江科技大学、黑龙江煤炭职业技术学院、七台河职业学院、鹤岗矿业集团有限责任公司职工大学等单位的大力支持和协助，在此表示衷心感谢！由于本套教材涉及多个工种的内容，对理论与实际操作的结合要求高，加之编写人员水平有限，书中难免有不足之处，恳请读者批评指正。

《黑龙江省煤矿特种作业人员安全技术培训教材》

编 委 会

2016年5月

图书在版编目（CIP）数据

煤矿防突工/张振龙，郝万年主编．－－北京：煤炭工业出版社，2016
黑龙江省煤矿特种作业人员安全技术培训教材
ISBN 978－7－5020－4508－1

Ⅰ. ①煤…　Ⅱ. ①张…　②郝…　Ⅲ. ①煤突出—预防—安全培训—教材
②瓦斯突出—预防—安全培训—教材　Ⅳ. ①TD713

中国版本图书馆 CIP 数据核字（2014）第 087281 号

煤矿防突工

（黑龙江省煤矿特种作业人员安全技术培训教材）

主　　　编　张振龙　郝万年
责任编辑　李振祥　闫　非
编　　辑　郝　岩
责任校对　孔青青
封面设计　王　滨
出版发行　煤炭工业出版社（北京市朝阳区芍药居 35 号　100029）
电　　话　010－84657898（总编室）
　　　　　010－64018321（发行部）　010－84657880（读者服务部）
电子信箱　cciph612@126.com
网　　址　www.cciph.com.cn
印　　刷　北京玥实印刷有限公司
经　　销　全国新华书店

开　　本　787mm×1092mm$^1/_{16}$　印张　11$^1/_2$　字数　264 千字
版　　次　2016 年 9 月第 1 版　2016 年 9 月第 1 次印刷
社内编号　7383　　　　　　　　定价　29.00 元